四川省工程建设地方标准

四川省震后建筑安全性应急评估技术规程

Technical Specification for Post-Earthquake Urgent
Assessment of Building Safety in Sichuan Province

DBJ51/T068 – 2016

主编单位： 四 川 省 建 筑 科 学 研 究 院
批准部门： 四 川 省 住 房 和 城 乡 建 设 厅
施行日期： 2 0 1 7 年 3 月 1 日

西南交通大学出版社

2017 成 都

图书在版编目（ＣＩＰ）数据

四川省震后建筑安全性应急评估技术规程 /四川省建筑科学研究院主编. —成都：西南交通大学出版社，2017.5

（四川省工程建设地方标准）

ISBN 978-7-5643-5346-9

Ⅰ．①四… Ⅱ．①四… Ⅲ．①建筑结构－抗震结构－结构安全度－评估－技术规范－四川 Ⅳ.①TU352.1-65

中国版本图书馆 CIP 数据核字（2017）第 056214 号

四川省工程建设地方标准

四川省震后建筑安全性应急评估技术规程

主编单位　四川省建筑科学研究院

责 任 编 辑	杨　勇
封 面 设 计	原谋书装
出 版 发 行	西南交通大学出版社 （四川省成都市二环路北一段 111 号 西南交通大学创新大厦 21 楼）
发行部电话	028-87600564　028-87600533
邮 政 编 码	610031
网　　　址	http://www.xnjdcbs.com
印　　　刷	成都蜀通印务有限责任公司
成 品 尺 寸	140 mm × 203 mm
印　　　张	4.25
字　　　数	110 千
版　　　次	2017 年 5 月第 1 版
印　　　次	2017 年 5 月第 1 次
书　　　号	ISBN 978-7-5643-5346-9
定　　　价	33.00 元

各地新华书店、建筑书店经销

图书如有印装质量问题　本社负责退换

版权所有　盗版必究　举报电话：028-87600562

关于发布工程建设地方标准
《四川省震后建筑安全性应急评估技术规程》
的通知

川建标发〔2016〕1036 号

各市州及扩权试点县住房城乡建设行政主管部门，各有关单位：

由四川省建筑科学研究院主编的《四川省震后建筑安全性应急评估技术规程》已经我厅组织专家审查通过，现批准为四川省工程建设推荐性地方标准，编号为：DBJ51/T068－2016，自 2017 年 3 月 1 日起在全省实施。

该规程由四川省住房和城乡建设厅负责管理，四川省建筑科学研究院负责具体技术内容的解释。

四川省住房和城乡建设厅

2016 年 12 月 28 日

前　言

本规程根据四川省住房和城乡建设厅《关于下达四川省工程建设地方标准〈四川省震后建筑安全性应急评估技术规程〉编制计划的通知》（川建标发〔2013〕562号）的要求，由四川省建筑科学研究院会同相关的高等院校、检测、设计、施工等单位共同制定而成。

本规程在制订过程中，编制组认真总结了"5·12"汶川地震、"4·14"玉树地震和"4·20"芦山地震等多次地震的震后建筑应急评估经验，结合四川地区的实际情况，并在广泛征求意见的基础上制定本规程。

本规程共分10章，依次为总则、术语和符号、基本规定、场地环境及地基基础、砌体结构房屋、钢筋混凝土结构房屋、底部框架和内框架砌体房屋、单层厂房、单层空旷砖房、木结构和土石墙结构房屋。

本规程由四川省住房和城乡建设厅负责管理，由四川省建筑科学研究院负责具体技术内容的解释。在实施过程中，请各单位注意总结经验、积累资料，并将意见和建议反馈给四川省建筑科学研究院（通信地址：成都市一环路北三段55

号，邮政编码：610081，028-83370779，邮箱：
scjkykjb@126.com）。

主 编 单 位：四川省建筑科学研究院
参 编 单 位：四川省地震局减灾救助研究所
四川省建筑设计研究院
四川省禾力建设工程检测鉴定咨询有限公司
四川通信科研规划设计有限责任公司
四川省建筑新技术工程公司
西南交通大学
四川省建筑工程质量检测中心
主要起草人：肖承波　吴　体　高永昭　李德超
周　玮　刘　雄　章一萍　宋世军
陈维锋　凌程建　陈雪莲　陈　华
孙　广　潘　毅　张春雷　李玲娇
主要审查人：殷时奎　王泽云　毕　琼　罗进元
陶　琨　王正卿　张　平

目 次

Contents

1 总 则

1.0.1 为贯彻国家有关防震减灾的法律法规，规范破坏性地震灾后建筑安全性的应急评估工作，科学合理、快速有效地判断震后建筑的安全性，维护社会稳定，制定本规程。

1.0.2 本规程适用于发生地震灾害事件后，地震应急期间在四川省行政区域内组织开展的对既有房屋建筑使用安全性进行的应急评估。不适用于震后房屋建筑损失经济评估，以及非地震应急期的房屋建筑安全性鉴定和抗震鉴定。

在建建筑、古建筑以及行业有特殊要求的建筑，应按专门的规定进行评估。

1.0.3 按本规程应急评估为可用和限用的建筑，在应急评估结论有效时限内的基本安全性目标是：在正常使用环境条件下，以及在余震烈度不高于当地遭遇的主震烈度或震前当地抗震设防烈度时，建筑的主体结构不致倒塌或发生危及生命的严重破坏。

1.0.4 应急评估中建筑的抗震设防烈度，应按震前有效文件（图件）规定的抗震设防烈度执行。

1.0.5 优先应急评估的建筑，应包括直接危及人员生命安全和基本生活保障、应急避难场所的建筑，以及抗震救灾重要建筑和可能导致严重次生灾害的建筑。

1.0.6 当建筑的应急评估结论为禁用，以及结论为限用和可用的建筑中存在潜在的安全隐患或其他构造缺陷时，应在灾后重建期间及时进行建筑可靠性鉴定和抗震鉴定相结合的系统鉴定。

对主体结构已严重破坏、丧失承载能力，或主体结构已部分倒塌的危险建筑，应及时采取排危措施。

1.0.7 应急评估除符合本规程要求外，尚应符合国家现行有关标准的规定。

2 术语和符号

2.1 术 语

2.1.1 震后建筑安全性应急评估 post-earthquake urgent assessment of building safety

　　暂时和紧急判断建筑物遭受地震破坏后的结构短期安全性，简称应急评估。

2.1.2 破坏性地震 destructive earthquake

　　是指造成一定数量的人员伤亡和经济损失的地震事件。地震灾害分为特别重大、重大、较大、一般四级。

2.1.3 震后应急期 post-earthquake emergency period

　　省级政府根据破坏性地震造成灾害的严重程度，为了减轻地震灾害而采取的不同于正常工作程序的紧急防灾和抢险行动的起止时间。

2.1.4 地震应急响应 earthquake emergency response

　　是指破坏性地震发生后，为最大程度减少人员伤亡和经济损失，维护社会正常秩序，政府依照应急预案采取的应急与救援行动。应对特别重大地震灾害，启动Ⅰ级响应；应对重大地震灾害，启动Ⅱ级响应；应对较大地震灾害，启动Ⅲ级响应；应对一般地震灾害，启动Ⅳ级响应。

2.1.5 遭遇烈度 happened seismic intensity

　　地面和建筑物所在地区遭遇的地震引起的破坏剧烈程度。

2.1.6 震损 seismic damage

在较强地震发生后，对建筑遭受破坏、损坏等各种现象的统称，是建筑震后安全性应急评估的主要依据之一。

2.1.7 正常使用环境 normal service environment

是指不考虑偶然荷载及作用（如地震、泥石流、洪水、风暴等）情况下的使用环境。

2.1.8 生命线工程 lifeline engineering

是指对城镇功能、生活和生产活动有重大影响的供电、供气、供水、交通、通信、医疗卫生、消防等工程系统。

2.1.9 严重次生灾害 severe secondary disaster

是指强烈地震破坏引发放射性污染、洪灾、火灾、爆炸、剧毒或强腐蚀性物质大量泄漏、高危险传染病、病毒扩散等灾难性灾害。

2.1.10 Ⅰ、Ⅱ、Ⅲ级构件 class Ⅰ，Ⅱ，Ⅲ component

指按本规程对单个构件进行的应急评估的安全性级别。

2.1.11 评估结论：可用、禁用和限用 assessment conclusion: usable, forbid and restrict

按本规程对震后建筑的分项应急评估和整体应急评估所作出应急期使用的结论。

2.1.12 评估结论有效时效 validity time limit of assessment conclusion

按本规程对震后建筑进行安全性应急评估所作出评估结论的有效时限。

2.2 符　号

H——建筑顶点高度；

H_i——建筑第 i 层层间高度；

θ ——建筑倾斜角。

3 基本规定

3.0.1 应急评估工作应在政府及住房城乡建设行政主管部门启动地震应急响应,且当地抗震救灾指挥部判定余震强度已显著趋向减弱时,方可进行。进入应急评估现场的人员,应有相适应的安全措施。

3.0.2 当政府宣布地震应急响应结束后,不应再以本规程对既有建筑进行应急评估。

3.0.3 应急评估应按下列程序(图3.0.3)进行:

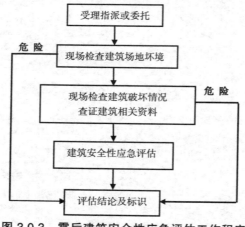

图 3.0.3 震后建筑安全性应急评估工作程序

1 受理指派或委托:根据应急评估优先原则和委托人要求,确定需要进行应急评估的建筑。

2 现场检查:包括查证建筑相关资料、建筑场地环境破坏情况，以及建筑及相邻建筑的破坏情况。

3 应急评估：包括分析建筑相关资料和现场检查情况、依据本规程的规定进行分析和评估建筑的安全性、提出震后建筑安全性应急评估的定性结论和原则性的处理建议。

3.0.4 应急评估应遵循下列工作原则：

1 应以整栋建筑为评估对象。

2 检查和评估建筑所处场地的破坏程度，以及相邻建筑的破坏对本建筑安全使用的影响。

3 查证建筑建造及抗震设防的相关资料；现场检查建筑的地基及基础、上部结构和非结构构件的破坏情况，并进行综合分析。

4 现场检查建筑损坏情况时，应先检查建筑外部，后检查建筑内部；先检查地基基础，后检查建筑上部结构构件和非结构构件；重点检查关键部位的结构构件和易倒塌伤人、影响疏散通道的非结构构件。

5 以对建筑物或结构构件的外观检查为主，必要时可剔除装饰层、保护层检查或采用仪器量测。

3.0.5 应以建筑的场地环境、地基基础、结构构件和非结构构件四个分项依次循序进行应急评估，在分项评估的基础上，作出整体建筑的应急评估结论。

3.0.6 分项评估和建筑整体评估的结论分为可用、禁用和限用三类。

1 当分项评估的结论均为可用时，建筑整体评估可评为可用。

2 当分项评估的结论中有一项结论为禁用时，建筑整体评估应评为禁用。

3 当分项评估的结论中有限用时，应综合考虑处理的难度、时间和经费等因素进行建筑整体评估。当应急处理难度小、工期短、经费少时，建筑整体评估可评为限用；否则应评为禁用。

3.0.7 场地环境分项的检查评估，应检查建筑所处场地的地震破坏情况和调查地质灾害历史情况，结合地震应急期间当地降雨等气候状况，综合评估场地自然环境的安全性；并应对相邻建筑的破坏所导致的安全隐患进行评估。

3.0.8 建筑资料的查证和建筑的外观检查重点，应符合下列要求：

1 调查建筑的建造年代，以及设计和竣工验收情况；建筑抗震设防的情况；建筑使用期间的维护，以及改造加固情况。

2 检查由地震引起的建筑倾斜、变形等破坏情况。

3 检查地基基础的变形和破坏，以及导致上部结构构件开裂、错位等破坏情况。

4 检查建筑屋盖、外纵墙及山墙的开裂错位、歪闪、坍塌等破坏情况。

5 检查框架结构的关键梁柱节点破坏情况。

6 建筑外部附属物的破坏情况，重点检查危及人员出入口、安全疏散通道的建筑外部附属物。

3.0.9 地基基础分项的检查评估，应检查地基基础的地震破坏及稳定状况，结合建筑场地分项的检查进行评估。

3.0.10 现场检查建筑结构构件时，应对可见的结构构件破坏及损伤进行外观检查。当关键部位的结构构件的抹灰层出现损伤时，应剔除其抹灰层进行核查。对建筑内部的非结构构件的检查，应着重检查其自身的整体稳定性，以及与主体结构连接的受损情况。

3.0.11 结构构件分项的检查及评估应符合下列要求：

1 当结构构件无损伤，或个别结构构件损伤轻微且不影响主体结构使用安全及人员疏散时，结构构件分项可评估为可用。

2 当部分关键结构构件出现坍塌、明显歪斜或严重下挠、结构节点核心区明显开裂变形、多数结构构件开裂等破坏，明显危及建筑结构使用安全，以及过道楼梯的破坏已影响人员疏散时，结构构件分项应评估为禁用。

3 当能在较短时间内对结构构件的安全隐患采取应急处理措施，确保结构构件的安全使用时，结构构件分项可评估为限用。

3.0.12 非结构构件分项的检查及评估应符合下列要求：

1 当非结构构件基本无损伤，或出现不明显影响人员活动及疏散安全的损坏时，非结构构件分项可评估为可用。

2 当多数室内非结构构件出现局部倒塌、严重开裂及变形等破坏，明显影响人员活动及疏散安全时，非结构构件应评估为禁用。

3 当能在较短时间内对非结构构件的安全隐患采取应急处理措施，确保非结构构件的安全使用时，非结构构件分项可评估为限用。

3.0.13 砌体结构、钢筋混凝土结构、底部框架和内框架结构房屋，以及单层厂房和单层空旷砖房的结构构件和非结构构件的分项评估，应分两个层次进行。第一层次为单个构件评估，分为Ⅰ级、Ⅱ级和Ⅲ级三个等级；第二层次为结构构件和非结构构件的分项评估。应急评估表可采用本规程附录 A。

3.0.14 木结构和土石墙结构房屋可根据结构构件和非结构构件的受损状况直接进行分项评估。应急评估表可采用本规程附录 B。

3.0.15 结构构件的应急评估应符合下列规定：

　　1 当同类所有构件均评估为Ⅰ级时，该类结构构件应急评估可综合评为可用。

　　2 当同类构件的评估同时满足下列要求时，该类结构构件的应急评估可综合评为限用。

　　1）个别构件评为Ⅱ级。

　　2）不含Ⅲ级构件。

　　3 不符合本条第 1、2 款要求时，该类结构构件的应急评估应综合评为禁用。

3.0.16 非结构构件的应急评估应符合下列规定：

　　1 当同类所有非结构构件均评估为Ⅰ级，或同类构件的评估同时满足下列要求时，该类非结构构件的应急评估可综合评为可用。

　　1）不含Ⅲ级构件。

　　2）个别为Ⅱ级构件且不影响安全使用。

2 当同类构件的评估同时满足下列要求时，该类非结构构件的应急评估可综合评为限用。

　　1）个别Ⅲ级构件，且能快速处理。

　　2）少数为Ⅱ级构件。

3 不符合本条第1、2款要求且不能快速应急处理时，该类非结构构件的应急评估应综合评为禁用。

3.0.17 当对建筑外部外观检查发现建筑主体结构已明显倾斜、部分坍塌、严重破坏等明显危及建筑使用安全的情况时，可不再对建筑内部进行检查，直接对结构构件分项评估为禁用。

3.0.18 当依照本规程循序进行分项评估，前项已评估为禁用时，可不再进行后项的检查及评估，建筑整体应急评估结论应直接评为禁用；当前项评估为可用或限用时，应继续循序评估。

3.0.19 应急评估结论为可用及限用的有效时限，应符合下列规定：

1 建筑使用年限不超过30年，且建筑设计及施工基本按国家相关标准执行的，其应急评估结论的有效时限不宜超过6个月。

2 建筑使用年限达30年及其以上的，或建筑设计及施工未按国家相关标准执行的，或检查中发现建筑有较多影响使用安全的潜在隐患的，其应急评估结论的有效时限不宜超过3个月。

3.0.20 应急评估存档资料应符合下列基本规定：

1 建筑的基本信息应完整，包括建筑名称、结构体系、使用功能类别、建造年代等基本信息。

2 各分项的现场检查描述应简明清晰、重点突出；评估应符合本规程相关规定，并明确各分项的评估结论和建筑整体定性的评估结论。

3 当按照本规程相关规定，由分项评估结论直接定性建筑整体评估结论时，应对分项评估对建筑整体安全性的影响予以说明。

3.0.21 应急评估标识应与应急评估结论相一致，可按本规程附录 C 的要求制作。

3.0.22 当建筑同时符合下列要求时，可不进行应急评估。对确需进行应急评估的，可直接评为可用。

1 基本满足国家现行建筑设计、抗震设计和建造标准要求的；

2 遭受低于本地区抗震设防烈度的多遇地震影响时；

3 建筑场地环境、地基基础无明显的安全隐患，建筑结构构件和非结构构件无明显损坏的。

3.0.23 震前经鉴定为构成局部或整体危房，或者严重影响整体承载的建筑，或者抗震能力明显不满足要求的建筑，且未采取消除安全隐患的措施或措施明显不符合要求时，其应急评估应直接评为禁用。

3.0.24 当应急评估为可用或限用的建筑，在评估结论有效时限内再次遭遇破坏性余震，且相关评估分项明显出现新的破坏或异常时，应按本规程的要求进行复查评估。

3.0.25 应急评估应由具备应急评估能力的单位及专业技术人员承担。

3.0.26 可按行政区域对各地的震后建筑安全性应急评估情况按本规程附录 D 进行汇总处理。

4 场地环境及地基基础

4.1 一般规定

4.1.1 建筑场地环境分项应急评估，应综合当地地质灾害的历史、成因及演变，以及建筑场地局部地质破坏的性态和气候预测等进行应急评估。

4.1.2 建筑场地环境分项的应急评估，应包括相邻建筑的结构震害对本建筑安全使用的影响。

4.1.3 建筑场地环境分项的应急评估，可通过查证或现场检查，按照表4.1.3确定建筑场地对建筑影响的类别。

表 4.1.3 有利、一般、不利和危险地段的划分

地段类别	地质、地形、地貌
有利地段	稳定基岩，坚硬土，开阔、平坦、密实、均匀的中硬土等
一般地段	不属于有利、不利和危险的地段
不利地段	软弱土，液化土，条状突出的山嘴，高耸孤立的山丘，陡坡，陡坎，河岸和边坡的边缘，平面分布上成因、岩性、状态明显不均匀的土层（含故河道、疏松的断层破碎带、暗埋的塘浜沟谷和半填半挖地基），高含水量的可塑黄土，地表存在结构性裂缝等
危险地段	地震时可能发生滑坡、崩塌、地陷、地裂、泥石流等及发震断裂带上可能发生地表位错的部位

4.1.4 建筑地基基础分项应急评估，应根据地震液化现象、地基土性质及破坏，以及建筑基础类型及破坏状况等进行应急评估。

对位于河岸或湖边、边坡边缘或毗邻深基坑的建筑，应着重对地基土液化、边坡稳定性、基础的稳定性进行检查和评估。

4.1.5 当现场外观检查表明建筑上部结构破坏较重，明显不具备安全使用条件时，可不对建筑物场地环境和地基基础分项进行评估，应急评估直接评为禁用。

4.2 检查与评估

4.2.1 当相邻建筑的结构震害对本建筑安全使用造成直接或潜在的威胁时，建筑场地环境分项应直接评估为禁用。

4.2.2 当建筑场地属于抗震危险地段时，建筑场地环境分项应直接评估为禁用。

4.2.3 当地质勘查资料表明建筑场地属于有利地段，以及属于一般地段且震后建筑场地无明显震害表现，建筑场地坏境分项可评估为可用。

4.2.4 当采用现场查勘方法评估建筑场地安全性时，应结合建筑场地地质灾害历史的调研进行综合评估。当建筑场地未曾发生过严重的地质灾害、无明显隐患，且现场查勘表明建筑场地稳定，建筑场地坏境分项可评估为可用。

4.2.5 当现场查勘建筑场地环境，发现有下列情况之一时，建筑场地环境分项应评估为禁用。

    1 建筑场地出现严重的地裂、液化、震陷或隆起。

    2 建筑边坡出现影响房屋安全的滑坡、垮塌。

    3 存在发生崩塌、滑坡、泥石流的隐患。

    4 位于发震断裂带上已经出现或可能出现地表位错的建筑。

4.2.6 建筑室内外地坪无沉降、隆起、开裂、砂土液化等现象发生，且上部结构无不均匀沉降裂缝和倾斜，建筑地基基础分项可评为可用。

4.2.7 当出现明显且影响建筑结构安全的地震液化，或地基边坡或毗邻深基坑边坡明显失稳、建筑基础丧失承载能力而危及建筑结构安全使用时，地基基础分项应评为禁用。

4.2.8 建筑地基基础有下列情况之一者，地基基础分项应评为禁用：

1 地基基础出现较大下沉、隆起或移位。

2 上部主要承重构件出现明显不均匀沉降裂缝。

3 地基产生了不均匀沉降，其上部建筑的倾斜角超过表4.2.8-1 的规定。

表 4.2.8-1　上部建筑的倾斜角限值

结构类型	倾斜角 θ
砌体、底部框架砌体	1/50
单层钢筋混凝土柱排架	1/30
钢筋混凝土框架	1/50
钢筋混凝土框架-抗震墙、抗震墙	1/75
生土结构	1/75
木结构	1/30
石结构	1/50

注：建筑倾斜角 $\theta = \sqrt{\theta_x^2 + \theta_y^2}$，$\theta_x$ 和 θ_y 分别为建筑两个正交方向的倾斜角。

4 桩基产生了不均匀沉降，其上部建筑的倾斜角超过表 4.2.8-2 的规定。

表 4.2.8-2　上部建筑的倾斜角限值

结构类型	倾斜角 θ
砌体、底部框架砌体	1/75
单层钢筋混凝土柱排架	1/50
钢筋混凝土框架	1/75
钢筋混凝土框架-抗震墙、抗震墙	1/100

4.2.9 基础构件有下列情况之一者，地基基础分项应评为禁用：

1 混凝土基础已产生贯通裂缝，裂缝宽度大于 3.0 mm。

2 砌体基础的裂缝宽度大于 10 mm。

3 基础混凝土或砌体出现酥碎现象。

5 砌体结构房屋

5.1 一般规定

5.1.1 本章适用于普通砖、多孔砖和混凝土小型空心砌块等砌体承重房屋的应急评估。普通砖包括烧结普通砖、蒸压灰砂砖和混凝土普通砖,多孔砖包括烧结多孔砖和混凝土多孔砖。

5.1.2 现场检查可先宏观检查整栋房屋的震害,确定震害严重的楼层,宜优先检查震害严重的楼层。当震害严重的楼层出现Ⅲ级结构构件时,可不再进行其余楼层的检查,直接评为禁用。

5.1.3 当砌体结构房屋出现下列情况之一时,房屋整体应急评估应直接评为禁用。

    1 部分墙体或砖柱垮塌,致使部分水平构件及上部墙体无支承。

    2 楼层局部或整体垮塌。

    3 房屋明显整体倾斜或倾斜值超过表 5.1.3 的限值要求。

    4 楼盖或屋盖垮塌。

    5 部分楼梯梯板断裂、明显变形,或楼梯梯梁断裂、明显变形。

表 5.1.3 上部结构的倾斜限值

结构类型			顶点位移	层间位移
单层建筑	墙	$H \leq 7$ m	$>H/250$	—
		$H > 7$ m	$>H/300$	—
	柱	$H \leq 7$ m	$>H/300$	—
		$H > 7$ m	$>H/330$	—
多层建筑	墙	$H \leq 10$ m	$>H/300$	$>H_i/300$
		$H > 10$ m	$>H/330$	
	柱	$H \leq 10$ m	$>H/330$	$>H_i/330$

注：1 表中 H 为建筑顶点高度；H_i 为建筑第 i 层层间高度。

2 墙包括带壁柱墙。

5.2 检查与评估

5.2.1 构件的检查与评估项目应包括墙体、柱、梁等主要结构构件，楼盖、屋盖等一般结构构件，以及阳台栏板墙、雨篷、女儿墙和烟囱等非结构构件。检查评估重点宜为墙体、柱、梁和楼、屋盖。

5.2.2 构件的应急评估，可按裂缝和主要构造措施两个检查项目，分别评估每一受检构件等级，取其中最低一级作为该构件的应急评估等级。

5.2.3 墙体的重点检查部位及内容可包括纵横墙交接处、墙体厚度、墙体的裂缝及损伤情况、墙体的圈梁及构造柱设置情况等。

5.2.4 墙体的应急评估按裂缝项评定时，应符合下列规定：

1 当墙体未出现可见裂缝，或裂缝宽度较小，且对墙体受力性能无明显影响时，可评为Ⅰ级。

2 当出现下列情况之一，应评为Ⅲ级：

1）纵横墙交接处出现通长竖向裂缝；或非通长裂缝，且裂缝宽度大于 3.0 mm；或墙体与构造柱连接处出现超过墙高 1/2 的竖向裂缝，且裂缝宽度大于 5.0 mm。

2）拱、壳支座附近或支承的墙体上出现沿块材断裂的斜裂缝。

3）墙体构造柱出现混凝土压碎、钢筋变形、严重开裂等破坏。

4）墙体出现水平裂缝，裂缝长度超过墙段长 1/3，裂缝宽度大于 1.0 mm，且裂缝有错位迹象。

5）墙体出现竖向裂缝，且裂缝长度超过墙段高 1/2，或出现多条竖向裂缝，且裂缝宽度大于 2.0 mm。

6）墙体出现斜向裂缝，且裂缝的水平投影长度超过墙段长 1/3 或竖向投影长度超过墙段高 1/2；或出现交叉裂缝，且裂缝宽度大于 2.0 mm。

7）宽度小于 800 mm 的墙肢出现水平裂缝或竖向裂缝，且裂缝宽度大于 1.0 mm。

8）梁支座下的墙顶部或中部，出现沿块材断裂（贯通）的竖向裂缝或斜裂缝。

9）其他明显影响墙体性能的严重裂缝或损伤。

3 当墙体出现的裂缝不属于本条的第 1 款和第 2 款，且产生的影响程度较Ⅲ级轻微时，可评为Ⅱ级。

5.2.5 砖柱的应急评估按裂缝项评定时，应符合下列规定：

　1 当独立砖柱未出现可见裂缝，或扶壁砖柱裂缝宽度较小，且对扶壁砖柱受力性能无明显影响时，可评为Ⅰ级。

　2 当出现下列情况之一，应评为Ⅲ级：

　　1）独立砖柱出现水平或竖向裂缝。

　　2）扶壁砖柱已出现宽度大于 1.5 mm 的裂缝，或有断裂、错位迹象。

　3 当砖柱出现的裂缝不属于本条的第 1 款和第 2 款，且产生的影响程度较Ⅲ级轻微时，可评为Ⅱ级。

5.2.6 钢筋混凝土板的应急评估按裂缝项评定时，应符合下列规定：

　1 当钢筋混凝土板无可见裂缝，或现浇板出现裂缝，且宽度小于 0.7 mm，且对板的受力性能无明显影响时，可评为Ⅰ级。

　2 当出现下列情况之一，应评为Ⅲ级：

　　1）钢筋混凝土板出现断裂。

　　2）普通混凝土预制板跨中或支座出现通长裂缝，且裂缝宽度大于 0.7 mm。

　　3）现浇板板面支座处出现平行于支座的通长裂缝，或出现贯穿板厚的通长斜向裂缝。且裂缝宽度大于 0.7 mm。

　　4）预应力混凝土空心板出现裂缝。

　　5）其他明显影响钢筋混凝土板性能的严重裂缝或损伤。

　3 当钢筋混凝土板出现的裂缝不属于本条的第 1 款和第 2 款，且产生的影响程度较Ⅲ级轻微时，可评为Ⅱ级。

5.2.7 墙体的应急评估按主要构造措施项评定时，应符合下列规定：

1 当墙体的承重墙厚度、主要构造柱设置部位、圈梁设置部位基本满足相关标准要求，可评为Ⅰ级。

2 当出现下列情况之一，应评为Ⅲ级：

1）结构整体性差，结构布置混杂，传力途径不合理。

2）主要承重墙为普通砖砌筑的厚度为 120 mm 及 180 mm 的墙体。

3）其他明显影响墙体性能的严重构造缺陷。

3 当墙体的主要构造措施不属于本条的第 1 款和第 2 款，且产生的影响程度较Ⅲ级轻微时，可评为Ⅱ级。

5.2.8 砖柱的应急评估按主要构造措施项评定时，应符合下列规定：

1 砖柱截面尺寸不小于 240 mm × 370 mm，有基础放脚，且独立砖柱在各层标高两个方向均有可靠支撑。可评为Ⅰ级。

2 当出现下列情况之一，应评为Ⅲ级：

1）砖柱直接放置在室内或室外地坪，或无基础放脚。

2）砖柱在任一层标高两个方向无支撑。

3）其他明显影响砖柱性能的严重构造缺陷。

3 当砖柱的主要构造措施不属于本条的第 1 款和第 2 款，且产生的影响程度较Ⅲ级轻微时，可评为Ⅱ级。

5.2.9 钢筋混凝土板的应急评估按主要构造措施项评定时，应符合下列规定：

1 当同时满足下列要求时，现浇板的应急评估按主要构造措施项评定时，应评为Ⅰ级：

　　1）现浇板伸进外墙和不小于 240 mm 厚内墙的长度不应小于 120 mm，伸进 190 mm 厚内墙的长度不应小于 90 mm。

　　2）现浇板上无明显超载的堆载。

　　2　当同时满足下列要求时，预制板的应急评估按主要构造措施项评定时，应评为Ⅰ级：

　　1）当圈梁未设在板底标高时，预制板板端伸进外墙的长度不应小于 120 mm，伸进不小于 240 mm 的内墙长度不应小于 100 mm，伸进 190 mm 内墙的长度不应小于 90 mm，在圈梁或梁上的支承长度不小于 80 mm。

　　2）预应力空心板上无后开孔洞。

　　3）预制板上无墙体或其他明显超载的堆载。

　　3　当出现下列情况之一，现浇板的应急评估按主要构造措施项评定时，应评为Ⅲ级：

　　1）现浇板在梁或墙上支承处出现明显拔出。

　　2）现浇板上砌筑承重墙。

　　3）其他明显影响现浇板性能的严重构造缺陷。

　　4　当出现下列情况之一，预制板的应急评估按主要构造措施项评定时，应评为Ⅲ级：

　　1）预制板在梁或墙上支承处出现明显拔出。

　　2）预应力混凝土空心板上开洞口，板肋钢筋外露、损伤或被截断。

　　3）预应力混凝土空心板作悬挑板使用。

　　4）预制板上砌筑承重墙体或其他严重超载的情况。

5）其他明显影响预制板性能的严重构造缺陷。

5 当现浇板的主要构造措施不属于本条的第 1 款和第 3 款，且产生的影响程度较Ⅲ级轻微时，可评为Ⅱ级。

6 当预制板的主要构造措施不属于本条的第 2 款和第 4 款，且产生的影响程度较Ⅲ级轻微时，可评为Ⅱ级。

5.2.10 砌体结构房屋中的非结构构件的应急评估应符合下列规定：

1 轻质隔墙出现轻微裂缝、无明显变形且有可靠拉结措施时，可评为Ⅰ级；轻质隔墙出现明显破坏、变形时，或无可靠拉结措施，应评为Ⅱ级。

2 女儿墙高度不超过 500 mm，且未出现外倾或局部外闪时，可评为Ⅰ级；当女儿墙高度超过 500 mm，且无抗震构造措施，或出现外倾、局部外闪，或墙底部出现明显水平裂缝，且裂缝处出现明显错位时，应评为Ⅱ级。

3 附着于房屋主体结构的装饰物、水箱、线缆支架等非结构构件未出现损坏时，可评为Ⅰ级；当出现轻微损坏且未伤及主体结构，或对主体结构造成轻微损伤但未构成安全隐患时，应评为Ⅱ级。

4 当非结构构件的损坏已明显伤及主体结构，且已构成安全隐患时，应评为Ⅲ级。

5.2.11 砌体结构房屋中的钢筋混凝土梁、柱的应急评估应按本规程第 6 章相关要求执行。

6 钢筋混凝土结构房屋

6.1 一般规定

6.1.1 本章适用于钢筋混凝土框架、框架-剪力墙和剪力墙结构房屋的应急评估。

6.1.2 应急评估宜优先检查震害严重的楼层。当震害严重楼层出现 III 级结构构件时，可直接评为禁用。

6.1.3 当钢筋混凝土结构房屋出现下列情况之一时，其应急评估应直接评为禁用：

1 部分垮塌或整层垮塌。

2 钢筋混凝土板断裂、掉落。

3 多数填充墙垮塌。

4 房屋明显整体倾斜或倾斜值超过表 6.1.3 的限值要求。

5 部分楼梯梯板断裂、明显变形，或梯梁、梯柱明显损坏及变形。

表 6.1.3 上部结构的倾斜限值

结构类型		顶点位移	层间位移
多层建筑		$>H/200$	$>H_i/150$
高层建筑	框架	$>H/250$ 或>300 mm	$>H_i/150$
	框架抗震墙、框架筒体	$>H/300$ 或>400 mm	$>H_i/250$

注：表中 H 为建筑顶点高度；H_i 为建筑第 i 层层间高度。

6.2 检查与评估

6.2.1 构件检查与评估的项目应包括剪力墙、框架柱、框架梁、楼盖、屋盖、梯梁和梯板等结构构件，以及填充墙、女儿墙、阳台栏板墙和烟道等非结构构件。

6.2.2 构件的应急评估，可按裂缝和主要构造措施两个检查项目，分别评估每一受检构件等级，取其中最低一级作为该构件的应急评估等级。

6.2.3 框架柱、梁检查评估重点宜为梁柱端部、梁柱节点等连接部位，剪力墙的检查评估重点宜包括底部加强区、平面凹凸较大处、平面连接薄弱处、四周转角处、角窗处等。

6.2.4 剪力墙的应急评估按裂缝项评定时，应符合下列规定：

1 当剪力墙及连梁未出现可见裂缝，或裂缝宽度较小且对剪力墙受力性能无明显影响时，可评为Ⅰ级。

2 当出现下列情况之一时，应评为Ⅲ级：

1）底部出现水平裂缝，且长度超过 1/3 墙长。

2）出现斜向裂缝或交叉裂缝，且裂缝宽度大于 0.5 mm，或裂缝贯通墙厚。

3）裂缝较多且延伸至边缘构件、裂缝宽度大于 0.5 mm。

4）混凝土严重剥落、酥碎，钢筋外露、变形。

5）连梁出现明显交叉裂缝，且相连的剪力墙出现明显损伤。

6）其他明显影响剪力墙性能的严重裂缝或损伤。

3 当剪力墙出现的裂缝不属于本条第 1 款和第 2 款，且产生的影响程度较Ⅲ级轻微时，可评为Ⅱ级。

6.2.5 框架柱的应急评估按裂缝项评定时，应符合下列规定：

1 当框架柱未出现可见裂缝，或裂缝宽度较小，且对框架柱受力性能无明显影响时，可评为Ⅰ级；

2 当出现下列情况之一时，框架柱震后安全性应急评估按裂缝应评为Ⅲ级：

1）柱端混凝土压裂、压碎，钢筋外露、变形。

2）柱端、柱身出现较宽的斜向裂缝，或出现交叉裂缝。

3）梁柱节点核心区混凝土出现斜向裂缝，或竖向裂缝，或混凝土剥落纵筋弯曲。

4）柱身出现的裂缝较多且较长，裂缝宽度大于 0.5 mm。

5）其他明显影响框架柱性能的严重裂缝或损伤。

3 当框架柱出现的裂缝不属于本条第 1 款和第 2 款，且产生的影响程度较Ⅲ级轻微时，框架柱震后安全性应急评估按裂缝可评为Ⅱ级；

6.2.6 钢筋混凝土梁的应急评估按裂缝项评定时，应符合下列规定：

1 当梁未出现可见裂缝、或裂缝宽度较小，且对梁受力性能无明显影响时，可评为Ⅰ级。

2 当出现下列情况之一时，应评为Ⅲ级：

1）梁端出现竖向裂缝，裂缝宽度大于 0.5 mm。

2）梁端附近出现明显的斜向裂缝，或交叉裂缝。

3）跨中出现多条分布较均匀的受弯裂缝，裂缝向上延伸长度大于梁高 2/3，裂缝宽度大于 1.0 mm。

4）梁端混凝土酥碎，钢筋外露、变形。

5） 其他明显影响钢筋混凝土梁性能的严重裂缝或损伤。

3 当梁出现的裂缝不属于本条第 1 款和第 2 款，且产生的影响程度较Ⅲ级轻微时，可评为Ⅱ级。

6.2.7 填充墙的应急评估按裂缝项评定时，应符合下列规定：

1 当填充墙未出现可见裂缝，或裂缝宽度较小，且对填充墙整体性无明显影响时，可评为Ⅰ级。

2 当出现下列情况之一时，应评为Ⅲ级：

1） 出现部分垮塌。

2） 出现倾斜、错动；出现斜向裂缝或交叉裂缝，裂缝宽度大于 10 mm。存在倒塌隐患。

3 当填充墙出现的裂缝不属于本条第 1 款和第 2 款，且产生的影响程度较Ⅲ级轻微时，可评为Ⅱ级。

6.2.8 剪力墙的应急评估按主要构造措施项评定时，应符合下列规定：

1 当同时满足下列规定时，可评为Ⅰ级。

1） 无明显损坏，工作无异常。

2） 无明显构造缺陷。

2 当出现下列情况之一，应评为Ⅲ级：

1） 剪力墙或边缘构件明显损坏，明显影响结构安全。

2） 有明显影响剪力墙性能的严重构造缺陷。

3 当剪力墙的主要构造措施不属于本条的第 1 款和第 2 款，且产生的影响程度较Ⅲ级轻微时，可评为Ⅱ级。

6.2.9 框架柱的应急评估按主要构造措施项评定时，应符合下列规定：

1 当同时满足下列规定时，可评为Ⅰ级：

1）无明显损伤，工作无异常。

2）无明显构造缺陷。

2 当出现下列情况之一，应评为Ⅲ级：

1）出现明显损伤，明显影响结构安全。

2）有明显影响框架柱性能的严重构造缺陷。

3 当框架柱的主要构造措施不属于本条的第 1 款和第 2 款，且产生的影响程度较Ⅲ级轻微时，可评为Ⅱ级。

6.2.10 钢筋混凝土梁的应急评估按主要构造措施项评定时，应符合下列规定：

1 当同时满足下列规定时，可评为Ⅰ级：

1）无明显损伤，工作无异常。

2）无明显构造缺陷。

2 当出现下列情况之一，应评为Ⅲ级：

1）明显损伤，明显影响结构安全。

2）有明显影响钢筋混凝土梁性能的严重构造缺陷。

3 当钢筋混凝土梁的主要构造措施不属于本条的第 1 款和第 2 款，且产生的影响程度较Ⅲ级轻微时，可评为Ⅱ级。

6.2.11 填充墙的应急评估按主要构造措施项评定时，应符合下列规定：

1 当填充墙与主体结构连接部位无明显损伤，或有轻微损伤，对填充墙的稳定性和整体性无明显影响时，可评为Ⅰ级。

2 当填充墙与主体结构连接部位出现严重损伤，已明显影响填充墙的稳定性和整体性时，应评为Ⅲ级。

3 当填充墙的主要构造措施不属于本条的第 1 款和第 2 款，且产生的影响程度较Ⅲ级轻微时，可评为Ⅱ级。

6.2.12 钢筋混凝土结构中其他非结构构件的应急评估可按本规程第 5.2.10 条的规定执行。

6.2.13 钢筋混凝土结构中钢筋混凝土板的应急评估可按本规程第 5.2.6 条和第 5.2.9 条的规定执行。

7 底部框架和内框架砌体房屋

7.1 一般规定

7.1.1 本章适用于底部框架砌体结构和内框架砌体房屋的应急评估。

7.1.2 现场检查宜优先检查过渡层和震害严重的楼层。当过渡层或震害严重楼层出现Ⅲ级结构构件时，可不再进行其余楼层的检查，直接评为禁用。

7.1.3 当底部框架砌体结构和内框架砌体房屋出现以下情况之一时，其应急评估应直接评为禁用。

    1 整体倾斜。

    2 局部倒塌或整体倒塌。

    3 内框架砌体房屋外承重墙体及墙体与内框架梁连接处出现明显损坏。

7.2 检查与评估

7.2.1 结构构件检查与评估项目，应包括底部抗震墙、框架柱和梁、承重墙体、楼(屋)盖板及其与墙体的连接和梯板等；非结构构件的检查与评估项目应包括非承重墙体、悬挑阳台、雨篷、女儿墙以及烟道等。

    底部框架砌体房屋检查重点宜为过渡层的墙体及其连接、钢筋混凝土托墙梁、大房间设置等，内框架砌体房屋检查重点宜为墙体及其连接、框架梁与墙体连接等。

7.2.2 构件的应急评估，可按照裂缝和主要构造措施两个检查项目，分别评估每一受检构件的等级，取其中最低一级作为该构件的应急评估等级。

7.2.3 墙体的应急评估按裂缝评定时，除应按本规程第 5 章相关规定执行外，当有下列情况之一者，应判断构件为Ⅲ级：

1 底部框架的砌体抗震墙产生通长、贯穿墙体的严重裂缝，砌体出现错位、脱落、局部垮塌。

2 底部框架过渡层墙体产生通长、贯穿墙体的严重裂缝，砌体出现错位、脱落、局部垮塌。

3 承重墙体与相邻的梁、柱的连接明显脱离。

7.2.4 墙体的应急评估按主要构造措施评定时，除应按本规程第 5 章执行外，当有下列情况之一者，应判断构件为Ⅲ级：

1 底部框架中的砌体抗震墙、过渡层承重砖墙和内框架外砖墙厚度为 120 mm 及 180 mm。

2 其他明显影响墙体性能的严重构造缺陷。

7.2.5 钢筋混凝土构件的应急评估按裂缝、主要构造措施评定时，除应按本规程第 6 章执行外，当构造措施项有下列情况之一者，应判断构件为Ⅲ级：

1 底部框架为单跨框架或单向框架。

2 内框架房屋大梁在外墙上的支承长度小于 240 mm 或未

与垫块或圈梁连接。

7.2.6 底部框架砌体结构和内框架结构房屋的砌体部分和钢筋混凝土部分的应急评估，除应符合本章规定外，尚应符合本规程第 5 章和第 6 章的有关规定。

8 单层厂房

8.1 一般规定

8.1.1 本章适用于在应急期间急需投入使用的由钢筋混凝土屋架、钢筋混凝土梁或钢屋架与钢筋混凝土柱组装成的预制装配式单层混凝土柱排架厂房，以及采用烧结普通砖柱（墙垛）承重的单层厂房的应急评估。

8.1.2 检查评估重点部位宜为排架柱、屋架、屋面梁、屋面板和围护墙。

8.1.3 当出现下列情况之一时，其应急评估应直接评为禁用。

　　1 部分柱垮塌，致使部分屋架、屋面梁无支承，或厂房整体垮塌。

　　2 柱、墙破坏严重，房屋明显倾斜。

　　3 屋盖垮塌。

8.1.4 单层厂房的砌体部分和钢筋混凝土部分的应急评估，除符合本章规定外，尚应符合本规程第 5 章、第 6 章的有关规定。

8.2 检查与评估

8.2.1 检查与评估项目应包括排架柱、屋架、屋面梁和屋面板等结构构件，以及围护墙体、抗风柱、出入口和有人员活动的坡屋盖等处山墙、高低跨封墙、女儿墙和悬墙等非结构构件。

8.2.2 砌体和钢筋混凝土构件均应按裂缝和主要构造措施两个检查项目，分别评估每一受检构件等级，并取其中最低一级作为该构件的应急评估等级；钢构件应按变形和主要构造措施两个检查项目，分别评估每一受检构件等级，并取其中最低一级作为该构件的应急评估等级。

8.2.3 钢筋混凝土排架柱的应急评估按裂缝项评定时，应符合下列规定：

1 当排架柱未出现可见裂缝，或裂缝宽度较小，且对排架柱受力性能无明显影响时，可评为Ⅰ级。

2 当出现下列情况之一，应评为Ⅲ级：

1）根部出现贯通裂缝或根部折断、压碎。

2）根部、吊车梁顶面部位或柱变截面处出现水平或竖向裂缝，混凝土局部压碎。

3）柱头与屋架或大梁连接处出现裂缝或混凝土压碎，柱头附近断裂、裂缝。

4）肩梁部位柱混凝土产生劈裂。

5）高低跨柱支承低跨屋架的牛腿产生拉裂。

6）其他明显影响排架柱性能的严重裂缝或损伤。

3 当钢筋混凝土排架柱出现的裂缝不属于本条的第 1 款和第 2 款，且产生的影响程度较Ⅲ级轻微时，可评为Ⅱ级。

8.2.4 钢筋混凝土屋架的应急评估按裂缝项评定时，应符合下列规定：

1 屋架杆件及其节点无可见裂缝，或出现轻微裂缝，且对其性能无明显影响时，可评为Ⅰ级。

2 当出现下列情况之一，应评为Ⅲ级：

1）下弦为普通混凝土杆件时，出现裂缝，裂缝宽度大于1.0 mm。

2）下弦为预应力混凝土杆件时，出现裂缝，裂缝宽度大于0.5 mm。

3）腹杆出现裂缝，裂缝宽度大于1.0 mm，且明显影响杆件受力性能。

4）杆件局部混凝土压碎或脱落，钢筋变形，或节点明显松动、损坏。

5）杆件出现断裂。

6）其他明显影响屋架性能的严重裂缝或损伤。

3 当钢筋混凝土屋架出现的裂缝不属于本条的第1款和第2款，且产生的影响程度较Ⅲ级轻微时，可评为Ⅱ级。

8.2.5 钢屋架的应急评估按变形项评定时，应符合下列规定：

1 当同时满足下列情况时，可评为Ⅰ级。

1）屋架杆件及节点均无明显变形。

2）屋架支撑杆件及节点未出现明显变形，或出现轻微变形，尚不明显影响支撑传力性能。

2 当出现下列情况之一，应评为Ⅲ级：

1）屋架的支座节点明显松动、移位。

2）屋架杆件或节点出现明显变形，且严重影响杆件受力。

3）屋架支撑杆件或节点出现明显变形，且严重影响支撑传力性能。

4）屋架整体出现平面外的明显变形。

3 当钢屋架出现的变形不属于本条的第 1 款和第 2 款，且产生的影响程度较Ⅲ级轻微时，可评为Ⅱ级。

8.2.6 独立砖柱的应急评估按构造措施项评定时，应符合下列规定：

　　1 当同时满足下列情况时，可评为Ⅰ级：

　　　　1）砖柱的截面尺寸不小于 240 mm × 370 mm。

　　　　2）柱顶在两个方向均应有可靠支撑。

　　　　3）支撑节点处无明显损坏。

　　　　4）柱间支撑未出现明显变形，或出现轻微变形，尚不明显影响支撑传力性能。

　　　　5）柱间支撑未出现锈蚀，或出现轻微锈蚀，或局部锈蚀，尚不明显影响支撑传力性能。

　　　　6）柱间支撑的设置部位基本满足相关标准要求。

　　　　7）无其他明显影响砖柱性能的缺陷。

　　2 当出现下列情况之一，应评为Ⅲ级：

　　　　1）支撑杆件拉断。

　　　　2）柱间支撑明显变形，且严重影响支撑传力性能。

　　　　3）支撑节点松动或损坏，已不能有效传递杆件力。

　　　　4）柱间支撑出现严重锈蚀，且严重影响支撑传力性能。

　　　　5）有其他明显影响砖柱性能的严重缺陷。

　　3 当砖柱的主要构造措施不属于本条的第 1 款和第 2 款，且产生的影响程度较Ⅲ级轻微时，可评为Ⅱ级。

8.2.7 钢筋混凝土排架柱的应急评估按构造措施项评定时，应符合下列规定：

1 当同时满足下列情况时，可评为 I 级：

1）柱截面宽度和高度不宜小于 300 mm。

2）柱顶在两个方向均应有可靠支撑。

3）柱间支撑未出现明显变形，或出现轻微变形，尚明显不影响支撑传力性能。

4）柱间支撑未出现锈蚀，或出现轻微锈蚀，或局部锈蚀，尚不明显影响支撑传力性能。

5）支撑节点处无明显损坏。

6）柱间支撑的设置部位基本满足相关标准要求。

7）无其他明显影响排架柱性能的缺陷。

2 当出现下列情况之一，应评为 III 级：

1）支撑杆件拉断。

2）支撑杆件明显变形，且严重影响支撑传力性能。

3）支撑杆件或节点严重锈蚀，且严重影响支撑传力性能。

4）支撑节点松动或损坏，已不能有效传力。

5）有其他明显影响排架柱性能的严重缺陷。

3 钢筋混凝土排架柱的构造措施不符合本条的第 1 款和第 2 款，且产生的影响程度较 III 级轻微时，可评为 II 级。

8.2.8 钢筋混凝土屋架的应急评估按构造措施项评定时，应符合下列规定：

1 当同时满足下列情况时，可评为 I 级。

1）支承屋架的砖柱或墙跺顶部设有混凝土垫块，屋架与垫块间设有连接措施；或屋架与其下部的钢筋混凝土柱间设有连接措施。

2）屋架的支承长度不应小于 240 mm。

3）屋架支撑未出现明显变形，或出现轻微变形，尚不明显影响支撑传力性能。

4）屋架支撑未出现锈蚀，或出现轻微锈蚀，或局部锈蚀尚不明显影响支撑传力性能。

5）屋架支撑布置应基本满足相关标准要求。

6）无其他明显影响屋架性能的缺陷。

2　当出现下列情况之一，应评为Ⅲ级。

1）支承屋架的砖柱（墙跺）顶部无混凝土垫块，或屋架端部无可靠连接。

2）屋架支撑杆件拉断。

3）屋架支撑杆件明显变形，且严重影响支撑传力性能。

4）屋架支撑杆件出现严重锈蚀，且严重影响支撑传力性能。

5）屋架支撑节点松动或损坏，已不能有效传递杆件力。

6）有其他明显影响屋架性能的严重缺陷。

3　当钢筋混凝土屋架的主要构造措施不属于本条的第 1 款和第 2 款，且产生的影响程度较Ⅲ级轻微时，可评为Ⅱ级。

8.2.9　大型屋面板的应急评估按构造措施项评定时，应符合下列规定：

1　当同时满足下列情况时，可评为Ⅰ级。

1）屋面板在天窗架、屋架或屋面梁上的支承长度不宜小于 50 mm。

2）屋面板与天窗架、屋架或屋面梁间应焊牢。

3）屋面板无明显松动。

4）无其他明显影响屋面板性能的缺陷。

2 当出现下列情况之一，应评为Ⅲ级。

1）屋面板与天窗架、屋架或屋面梁间无可靠连接。

2）屋面板明显松动，板缝明显变大，或屋面板支座明显松动。

3）有其他明显影响屋面板性能的严重缺陷。

3 当大型屋面板的主要构造措施不属于本条的第1款和第2款，且产生的影响程度较Ⅲ级轻微时，可评为Ⅱ级。

8.2.10 钢屋架的应急评估按构造措施项评定时，应符合下列规定：

1 当同时满足下列情况时，可评为Ⅰ级。

1）支承屋架的砖柱或墙跺顶部设有混凝土垫块，屋架与垫块间设有连接措施；或屋架与其下部的钢筋混凝土柱间设有连接措施。

2）屋架杆件、支撑杆件及节点未出现锈蚀，或出现轻微锈蚀，或局部锈蚀尚不明显影响其受力性能。

3）屋架支撑布置应基本满足相关标准要求。

4）无其他明显影响屋架性能的缺陷。

2 当出现下列情况之一，应评为Ⅲ级。

1）支承屋架的砖柱（墙跺）顶部无混凝土垫块，或屋架端部无可靠连接。

2）有其他明显影响屋架性能的严重缺陷。

3 当钢屋架的主要构造措施不属于本条的第1款和第2款，

且产生的影响程度较Ⅲ级轻微时，可评为Ⅱ级。

8.2.11 钢筋混凝土屋面檩条的应急评估按构造措施项评定时，应符合下列规定：

    1 当同时满足下列情况时，可评为Ⅰ级。

        1）檩条在屋架（屋面梁）上支承长度不小于 50 mm。

        2）檩条与屋架（屋面梁）应焊牢。

        3）檩条无明显松动。

        4）无其他明显影响檩条性能的缺陷。

    2 当出现下列情况之一，应评为Ⅲ级。

        1）檩条在屋架或屋面梁上支承长度小于 30 mm。

        2）檩条与屋架或屋面梁间无可靠连接。

        3）檩条支座明显松动。

        4）有其他明显影响檩条性能的严重缺陷。

    3 当钢筋混凝土屋面檩条的主要构造措施不属于本条的第 1 款和第 2 款，且产生的影响程度较Ⅲ级轻微时，可评为Ⅱ级。

8.2.12 钢筋混凝土天窗架杆件的应急评估可参照本节第 8.2.4 条和第 8.2.8 条的相关规定执行。

8.2.13 钢天窗架杆件的应急评估可参照本节第 8.2.5 条和 8.2.10 条的相关规定执行。

9 单层空旷砖房

9.1 一般规定

9.1.1 本章适用于设有空旷大厅的剧院、礼堂等单层空旷砖混结构房屋的应急评估。

9.1.2 单层空旷砖房的应急评估，除应对建筑的安全性进行应急评估外，尚应对附属于建筑的装饰物及其他功能设施设备，进行危及房屋安全和人员疏散通道安全的应急评估。

9.1.3 现场宜优先和重点检查单层空旷砖房的大厅、舞台部分，以及人员疏散通道。当检查发现有危及使用和疏散安全的震害时，可不再进行其余检查，房屋整体应急评估直接评估为禁用。

9.1.4 当出现下列情况之一时，应急评估应直接评定为禁用。

    1 屋盖发生严重变形、错位。

    2 墙、柱发生严重倾斜并有局部倒塌的危险。

9.2 检查与评估

9.2.1 构件评估项目应包括承重墙体、砖柱、舞台口大梁、屋架、屋盖支撑和挑台等结构构件，以及影响结构安全、人员疏散安全的非结构构件。

9.2.2 砌体与混凝土构件应按裂缝和主要构造措施两个项目检查，钢构件应按变形和主要构造措施两个项目检查，木构件应按裂缝、变形和主要构造措施三个项目检查，分别评估每一受检构件等级，取其中最低一级作为该构件的震后安全性应急评估等级。

9.2.3 墙体的重点检查部位及内容应包括：山墙山尖、纵横墙交接处、窗间墙体或开洞墙体的裂缝及损伤情况、墙体的圈梁、卧梁及构造柱设置情况。

9.2.4 墙体的应急评估按裂缝项评定时，应符合下列要求：

 1 当墙体未出现可见裂缝，或裂缝宽度较小，且不明显影响墙体受力性能时，墙体的应急评估可评为Ⅰ级。

 2 除按本规程第 5 章执行外，当出现下列情况之一，墙体的应急评估应评为Ⅲ级：

  1）山墙山尖部分倒塌，或山墙根部出现贯通水平裂缝。

  2）舞台口大梁上的承重墙体严重开裂，且裂缝有错位迹象。

 3 当墙体出现的裂缝不属于本条的第 1 款和第 2 款，且产生的影响程度较Ⅲ级轻微时，墙体的应急评估应评为Ⅱ级。

9.2.5 木屋架与钢木组合屋架的应急评估按裂缝项评定时，应符合下列要求：

 1 当木屋架与钢木组合屋架中的木杆件未出现可见裂缝时，或出现轻微裂缝，且不明显影响杆件受力性能时，木屋架与钢木组合屋架的应急评估可评为Ⅰ级。

 2 当出现下列情况之一，木屋架与钢木组合屋架的应急评估应评为Ⅲ级：

  1）木杆件出现明显裂缝。

  2）木杆件或节点处发生断裂。

 3 当木屋架与钢木组合屋架出现的裂缝不属于本条的第 1

款和第 2 款，且产生的影响程度较Ⅲ级轻微时，木屋架与钢木组合屋架的应急评估项可评为Ⅱ级。

9.2.6 挑台的应急评估按裂缝项评定时，应符合下列要求：

1 当挑台锚固端未出现可见的裂缝，或出现轻微裂缝，且不明显影响锚固端受力性能时，挑台应急评估可评为Ⅰ级。

2 当挑台产生明显的下沉或挑台根部出现贯通裂缝、锚固端发生破坏，挑台的震后安全性应急评估应评为Ⅲ级。

3 当挑台出现的裂缝不属于本条的第 1 款和第 2 款，且产生的影响程度较Ⅲ级轻微时，挑台的震后安全性应急评估项可评为Ⅱ级。

9.2.7 木屋架的应急评估按变形项评定时，应符合下列要求：

1 当同时满足下列情况，木屋架的应急评估可评为Ⅰ级：

1）屋架杆件及节点均无明显变形。

2）屋架支撑杆件及节点未出现明显变形，或出现轻微变形，尚不影响支撑传力性能。

2 当出现下列情况之一，木屋架的应急评估应评为Ⅲ级：

1）屋架杆件或节点处出现明显松动、位移或脱落。

2）屋架支撑杆件或节点出现明显变形，且严重影响支撑传力性能。

3）屋架端部和柱头发生位移，或柱头局部松动。

4）屋架整体发生明显歪斜或变形。

5）有其他明显影响屋架性能的严重变形。

3 当木屋架出现的变形不属于本条的第 1 款和第 2 款，且产生的影响程度较Ⅲ级轻微时，木屋架的应急评估可评为Ⅱ级。

9.2.8 钢木组合屋架的应急评估按变形项评定时,应符合下列要求:

1 当同时满足下列情况时,钢木组合屋架的应急评估可评为Ⅰ级:

1）屋架中钢、木杆件及节点处均无明显变形。

2）屋架中木构件与钢构件连接节点处无明显变形。

3）屋架支撑杆件及节点未出现明显变形,或出现轻微变形,尚明显不影响其传力性能。

2 当出现下列情况之一时,钢木组合屋架的震后安全性应急评估应评为Ⅲ级:

1）屋架中钢或木杆件出现明显变形。

2）屋架中木构件与钢构件连接节点处发生明显变形或断裂。

3）屋架支撑杆件或节点处出现明显变形、断裂,且严重影响其传力性能。

4）屋架整体发生明显歪斜或变形。

5）有其他明显影响屋架性能的严重变形。

3 当钢木组合屋架出现的变形不属于本条的第 1 款和第 2 款,且产生的影响程度较Ⅲ级轻微时,钢木组合屋架的震后安全性应急评估可评为Ⅱ级。

9.2.9 墙体的应急评估按主要构造措施项评定时,应符合下列规定:

1 当墙体的厚度、主要构造柱设置部位、圈梁以及卧梁设置部位基本满足相关标准要求。可评为Ⅰ级。

2 除应按本规程第 5 章相关条款执行外，当出现下列情况之一，应评为Ⅲ级：

1）大厅山墙无壁柱或壁柱不到顶。

2）山墙与屋盖或纵墙脱离。

3 当墙体的主要构造措施不属于本条第 1 款和第 2 款，且产生的影响程度较Ⅲ级轻微时，可评为Ⅱ级。

9.2.10 木屋架的应急评估按主要构造措施项评定时，应符合下列规定：

1 当同时满足下列情况时，可评为Ⅰ级：

1）屋架杆件未出明显腐朽或虫蛀。

2）支撑屋架的砖柱或墙垛顶部设有混凝土垫块或垫木，且屋架与垫块间设有连接措施。

3）屋架支撑布置或支承长度应基本满足相关标准要求。

2 当出现下列情况之一，应评为Ⅲ级：

1）屋架杆件出现严重腐朽或虫蛀，连接木杆件的铁钉严重锈蚀，明显影响杆件受力性能。

2）支撑屋架的砖柱或墙垛顶部无混凝土垫块或垫木，且屋架与垫块间无连接措施。

3）有其他明显影响屋架性能的严重缺陷。

3 当木屋架的主要构造措施不属于本条第 1 款和第 2 款，且产生的影响程度较Ⅲ级轻微时，可评为Ⅱ级。

9.2.11 钢木组合屋架的震后安全性应急评估按主要构造措施项评定时，应符合下列规定：

1 当同时满足下列情况时，可评为Ⅰ级：

1）屋架木杆件未出现腐朽或虫蛀，钢杆件或钢木杆件连接处的螺栓未出现明显锈蚀。

2）支承屋架的砖柱或墙跺顶部设有混凝土垫块，且屋架与垫块间设有连接措施。

3）屋架支撑布置或支承长度应基本满足相关标准要求。

2 当出现下列情况之一，应评为Ⅲ级：

1）屋架木杆件出现严重腐朽或虫蛀，钢杆件或钢木杆件连接处的螺栓严重锈蚀，明显影响杆件受力性能。

2）支承屋架的砖柱或墙跺顶部无混凝土垫块，或屋架端部无可靠连接。

3）有其他明显影响屋架性能的严重缺陷。

3 当钢木组合屋架的主要构造措施不属于本条的第 1 款和第 2 款，且产生的影响程度较Ⅲ级轻微时，可评为Ⅱ级。

9.2.12 檩条的震后安全性应急评估按主要构造措施项评定时，应符合下列规定：

1 当同时满足下列情况时，可评为Ⅰ级：

1）檩条在砖墙上的搁置长度不小于 120 mm。

2）对接檩条的搁置长度不小于 60 mm。

3）檩条锚固可靠且无明显松动。

2 当出现下列情况之一，应评为Ⅲ级：

1）檩条在砖墙上的搁置长度明显小于 120 mm，且无其他连接措施。

2）对接檩条的搁置长度明显小于 60 mm，且无其他连接措施。

3）檩条锚固不牢，或出现松动、掉落。

4）有其他明显影响檩条性能的严重缺陷。

3 当屋面檩条出现的破坏不属于本条的第 1 款和第 2 款，且产生的影响程度较Ⅲ级轻微时，可评为Ⅱ级。

9.2.13 单层空旷砖房各类非结构构件的应急评估在评定时，应符合下列规定：

1 女儿墙的震后安全性应急评估可按本规程第 5 章相关条款执行。

2 支承于房屋结构上的附属机电设备等非结构构件未出现损坏，或与结构构件的连接未发生破坏，附着于房屋主体结构的装饰物未危及人身安全及疏散安全时，应评为Ⅰ级。当出现轻微损坏且未伤及主体结构，对主体结构或人身安全及疏散安全未构成安全隐患时，应评为Ⅱ级。

3 当各类非结构构件本身发生破坏，或与结构构件的连接处发生破坏并有掉落危险，或对人身安全及疏散安全构成严重安全隐患时，应评为Ⅲ级。

9.2.14 钢屋架、砌体和混凝土构件的应急评估，除符合本章规定外，尚应符合本规程第 5 章、第 6 章、第 8 章的有关规定。

10 木结构和土石墙结构房屋

10.1 一般规定

10.1.1 本章适用于木结构承重房屋、生土墙承重房屋和石墙结构承重房屋的应急评估。生土墙房屋包括土坯墙和夯土墙承重房屋，木结构房屋包括穿斗木构架、木柱木屋架、抬梁木结构承重的房屋，石结构房屋包括料石墙、毛料石墙体和毛石墙体承重的房屋。

10.1.2 木结构和土石墙结构房屋的结构构件分项应急评估，应依据各类构件检查评估的结果确定。当房屋的各类构件检查评估均为可用时，房屋结构构件分项可评估为可用；当房屋的构件类检查评估出现禁用时，房屋结构构件分项应评估为禁用；当房屋的构件类检查评估出现限用时，房屋结构构件分项可评估为限用。

10.1.3 当生土墙房屋出现下列情况之一时，其应急评估应直接评为禁用。

1 设防烈度为 6 度时，承重墙体为生土墙且已出现明显震害的房屋；设防烈度为 7 度及以上时的原始土料的生土墙房屋。

2 支撑大梁或屋架端部的墙体局部受压区出现穿透性裂缝；墙体受雨水浸湿及风化导致截面面积削弱达 1/4 以上；山尖墙或墙体局部坍塌、明显倾斜。

3 木屋架出平面明显倾斜或平面内明显变形；木构件的杆件

及节点明显腐朽、开裂破损或脱落；木屋架或木檩条从墙上滑落。

10.1.4 当石结构房屋出现下列情况之一时，其应急评估应直接评为禁用。

1 承重墙体已出现开裂、倾斜或局部跨塌等明显震害的房屋；设防烈度为 8 度以上时的石结构房屋。

2 采用干码铺浆、夹心层方法，以及泥浆砌筑毛石墙。

10.1.5 当木结构房屋出现下列情况之一时，其应急评估应直接评为禁用。

1 设防烈度为 6 度时，竖向承重为土木或石木混杂的结构体系，且结构体系已出现明显震害的房屋；设防烈度为 7 度及以上，竖向承重为土木或石木混杂结构体系的房屋。

2 多根承重木构件出现严重腐朽及虫蛀、木柱侧弯或断裂，以及木结构构架节点破裂或脱落。

3 砌体或生土围护墙出现严重的开裂、倾斜或部分倒塌的震害的房屋。

10.1.6 建筑场地环境和地基基础的评定应符合本规程第 4 章的相关规定。

10.2 检查与评估

10.2.1 生土墙和石结构房屋的结构构件分项现场检查，应重点检查墙体及墙体交接处的裂缝、错位及变形，风化及雨水浸蚀等破损状况；圈梁和门窗过梁的设置及破损；石柱的裂缝、破损及变形；屋（楼）盖变形及破损状况。

10.2.2 生土墙房屋结构构件分项中墙体类的应急评估应按下列各款规定进行评估。当有一款评为禁用时，墙体类的应急评估应评为禁用。

1 墙体及纵横墙交接处未出现穿透性裂缝，或出现宽度不大于 5 mm，长度不大于 600 mm 的非穿透性的裂缝时，可评为可用；超过时，应评为禁用。

2 墙体未出现倾斜，或出现倾斜率不大于 0.5%的倾斜时，可评为可用；超过时，应评为禁用。

3 墙体未受雨水浸湿及风化，或受雨水浸湿及风化而削弱截面面积不大于有效截面面积 1/4 时，可评为可用；削弱截面面积超过有效截面面积 1/4 时，应评为禁用。

4 支承檩条、梁或屋架端部的墙体局部受压区产生少量的竖向裂缝，其缝宽不大于 5 mm，缝长不大于 300 mm，可评为可用；超过时，应评为禁用。

5 山尖墙或墙体局部坍塌时，应评为禁用。

10.2.3 石结构房屋结构构件分项中墙体、柱、梁和板类的应急评估应按下列各款规定进行评估。当有一款评为禁用时，相应构件的应急评估应评为禁用。

1 当墙体出现轻微的沿砌筑灰缝阶梯形的斜向裂缝，且最大裂缝宽度小于 3 mm；或墙体竖向通缝长度小于 600 mm；或纵横墙连接处未出现贯穿性裂缝时，可评估为可用；超过时，应评估为禁用。

2 当柱出现缝宽小于 0.5 mm 的水平裂缝，且未出现局部压碎、错位变形时，可评估为可用；超过时，应评估为禁用。

3 当墙体出现长度不超过墙长 1/3 的水平裂缝，且裂缝宽度小于 3 mm，且未出现局部压碎、错位变形时，可评估为可用；超过时，应评估为禁用。

4 墙体、柱未出现倾斜，或出现倾斜率不大于 0.5%的倾斜时，可评估为可用；超过时，应评估为禁用。

5 毛石墙体出现多条长度大于 400 mm 的裂缝；或出现局部垮塌时，应评估为禁用。

6 墙体、柱表面风化、剥落，砂浆粉化，有效截面削弱达 1/5 以上时，应评为禁用。

7 石柱、石梁、石楼板出现断裂；支撑梁或屋架端部的石块或垫块出现断裂破碎。应评为禁用。

10.2.4 生土墙和石结构房屋结构构件分项中的屋（楼）盖类应急评估应按下列各款规定进行评估。当有一款评为禁用时，屋（楼）盖类的应急评估应评为禁用。

1 檩条在山尖墙或屋架搁置处出现轻微的松动，但搁置长度尚能保证或连接措施未损坏时，可评为可用；当出现明显松动，且搁置长度不能保证或连接措施已损坏时，应评为禁用。

2 屋架受力杆件、屋盖支撑杆件及檩条出现轻微的挠曲和节点松动，但杆件无断裂时，可评为可用；当屋架杆件、屋盖支撑杆件及檩条出现明显的挠曲和节点松动，或杆件出现断裂，导致屋盖系统局部明显变形或破坏时，应评为禁用。

3 木屋架出平面明显倾斜或平面内明显变形；木构件的杆件及节点明显腐朽、开裂破损或脱落；木屋架或木檩条从墙上滑落。应评为禁用。

4 梁端在柱顶搭接处出现松动或位移，位移长度大于柱沿梁支撑方向上的截面高度 h（当柱为圆柱时，h 为柱截面的直径）的 1/25 时，应评为禁用。

5 石楼板或梁与承重墙体错位后，错位长度大于原搭接长度的 1/25 时，应评为禁用。

6 石楼板净跨超过 4 m，或悬挑超过 0.5 m 时，应评为禁用。

10.2.5 木结构房屋结构构件分项的现场检查，应重点检查木构架及其他受力构件的腐朽、虫蛀等缺陷、裂缝、变形和倾斜，节点的位移、变形，木屋架端节点受剪面裂缝状况，屋架出平面变形及屋盖支撑系统稳定等状况。

10.2.6 木结构房屋结构构件分项中木构架类应急评估应按下列各款规定进行评估，当有一款评为禁用时，木构架类的应急评估应评为禁用。

1 当木构架节点出现轻微松动，但榫头未明显拔出或连接措施尚未损坏时，可评为可用；当出现明显松动，且榫头明显拔出、破裂或连接措施已损坏时，应评为禁用。

2 檩条在屋架或大梁上的搁置处出现轻微的松动，但搁置长度尚能保证或连接措施未损坏时，可评为可用；当出现明显松动，且搁置长度不能保证或连接措施已损坏时，应评为禁用。

3 椽条出现腐朽、变形或断裂，以及部分屋面瓦出现滑瓦时，可评估为限用。

4 木柱的柱脚在高出地坪的柱脚石出现位移，但柱脚尚有2/3的截面支撑于柱脚石上，且柱脚石无明显破损时，可评为可用；否则，应评为禁用。

5 木柱、木梁、木屋架及木构架的部分杆件出现明显腐朽、虫蛀时，应评为禁用。

6 木构架或木屋架出平面严重倾斜；木梁或木屋架严重下挠变形。应评为禁用。

10.2.7 土、木、石结构房屋非结构构件的现场检查和应急评估应下列各款规定进行评估。当有一款评为禁用时，非结构构件的应急评估应评为禁用。

1 8度及以上地区的木结构房屋，当砌体或生土围护墙高度超过3.3 m，且无圈梁、构造柱等抗震措施时，应评估为禁用。

2 当砌体或生土围护墙出现严重的开裂且伴有错位、倾斜，以及出现局部倒塌时，应评估为禁用。

3 当木结构房屋木板、竹篱笆等轻质围护墙完好或出现轻微损坏时，可评估为可用；当出现局部或大面积的掉落而影响使用时，可评估为限用。

4 砌体或水泥制品的出屋面烟囱较低且有可靠拉结措施，以及未出现损坏时，可评估为可用；当较高且无可靠拉结措施，或出现损坏时，应评估为限用。

5 女儿墙高度不超过 500 mm，且未出现外倾或局部外闪时，可评估为可用；当女儿墙高度超过 500 mm，且无抗震构造措施，或出现外倾、局部外闪时，应评估为限用。

6 附着于房屋主体结构的装饰物、水箱、线缆支架等非结构构件未出现损坏时，可评估为可用；当出现轻微损坏且未伤及主体结构，或对主体结构造成轻微损伤但未构成安全隐患时，应评估为限用；当非结构构件的损坏已明显伤及主体结构，且已构成安全隐患时，应评估为禁用。

10.2.8 土、木、石结构房屋应急评估可根据建筑场地环境、地基基础、结构构件和非结构构件各分项的评估结果进行综合评估。

附录 A 震后建筑安全性应急评估表

<table>
<tr><td colspan="5" align="center">建筑物概况</td></tr>
<tr><td>房屋名称</td><td></td><td></td><td>地址</td><td></td></tr>
<tr><td>产权人</td><td></td><td></td><td>建造年代</td><td>_____年，□不详</td></tr>
<tr><td>抗震设计</td><td colspan="2">□是　　□否　　□不详</td><td>抗震加固</td><td>□是　　□否　　□不详</td></tr>
<tr><td>使用性质</td><td colspan="4">□住宅楼，□办公楼，□学校，□医院，□其他公共建筑，□厂房，□仓库，□村镇民居，□其他：</td></tr>
<tr><td>建筑规模</td><td colspan="4">地上____层，地下____层，建筑面积_____m²，（长_____m，宽_____m）</td></tr>
<tr><td>结构类型</td><td colspan="4">□多层砌体，□钢筋混凝土（□框架，□框架-抗震墙，□剪力墙），□底框，□内框，□土木石外村镇民居　□其他：_____</td></tr>
</table>

<table>
<tr><td colspan="2" align="center">安全性应急评估</td></tr>
<tr><td>可直接判定为禁用</td><td>□建筑部分或全部垮塌，□建筑整体或部分明显倾斜，□地基基础明显破坏，□建筑场地评为禁用
□其他：_____</td></tr>
</table>

<table>
<tr><td colspan="2" align="center">场地环境</td></tr>
<tr><td>□滑坡；□泥石流；□滚石；□有较宽地裂；□有较大震陷或隆起变形；□相邻建筑对本建筑安全有影响；□以上均无；□潜在危险较短时间处理（内容：_____）</td><td>□可用；□限用；
□禁用；</td></tr>
</table>

<table>
<tr><td colspan="2" align="center">地基基础</td></tr>
<tr><td>□地基出现液化；□地基失效引起基础沉降；□不均匀沉降引起房屋倾斜；□以上均无；□潜在危险较短时间处理（内容：_____）</td><td>□可用；□限用；
□禁用</td></tr>
</table>

<table>
<tr><td colspan="2" align="center">结构构件</td><td></td><td></td></tr>
<tr><td colspan="2" align="center">构件名称</td><td align="center">Ⅰ级</td><td align="center">Ⅱ级</td><td align="center">Ⅲ级</td></tr>
<tr><td rowspan="4">主要构件</td><td>□砌体墙</td><td>□均评为Ⅰ级</td><td>□有，___层，共计____根；□无</td><td>□有_____，□无</td></tr>
<tr><td>□钢筋混凝土墙</td><td>□均评为Ⅰ级</td><td>□有___层，共计____根；□无</td><td>□有_____，□无</td></tr>
<tr><td>□砖柱</td><td>□均评为Ⅰ级</td><td>□有___层，共计____根；□无</td><td>□有_____，□无</td></tr>
<tr><td>□钢筋混凝土柱</td><td>□均评为Ⅰ级</td><td>□有___层，共计____根；□无</td><td>□有_____，□无</td></tr>
</table>

主要构件	□钢筋混凝土屋架	□均评为Ⅰ级	□有，___层，共计____根；□无	□有_____，□无
	□木屋架	□均评为Ⅰ级	□有，___层，共计____根；□无	□有_____，□无
	□钢木屋架	□均评为Ⅰ级	□有，___层，共计____根；□无	□有_____，□无
	□钢屋架	□均评为Ⅰ级	□有，___层，共计____根；□无	□有_____，□无
	□钢筋混凝土梁	□均评为Ⅰ级	□有，___层，共计____根；□无	□有_____，□无
一般构件	□预制板	□均评为Ⅰ级	□有，___层，共计____根；□无	□有_____，□无
	□现浇板	□均评为Ⅰ级	□有，___层，共计____根；□无	□有_____，□无
	□木檩条	□均评为Ⅰ级	□有，___层，共计____根；□无	□有_____，□无
	□钢筋混凝土檩条	□均评为Ⅰ级	□有，___层，共计____根；□无	□有_____，□无
	□木椽条	□均评为Ⅰ级	□有，___层，共计____根；□无	□有_____，□无

□可用：主要构件和一般构件的震后安全性应急评估均评为Ⅰ级。□限用：主要构件均评为Ⅰ级，个别一般构件评为Ⅱ级，不含Ⅲ级构件。□禁用：□含有Ⅲ级构件；□含有部分Ⅱ级构件。

非结构构件

非结构构件	□栏板墙□隔墙	□均评为Ⅰ级	□有，共计____根；□无	□有_____，□无
	□女儿墙	□均评为Ⅰ级	□有，共计____根；□无	□有_____，□无
	□烟囱　□水箱	□均评为Ⅰ级	□有，共计____根；□无	□有_____，□无

□可用：主要构件和一般构件的震后安全性应急评估均评为Ⅰ级。□限用：主要构件均评为Ⅰ级，个别一般构件评为Ⅱ级，不含Ⅲ级构件。□禁用：□含有Ⅲ级构件；□含有部分Ⅱ级构件。

房屋震后安全性应急评估结论

□可用；□限用，应急处理建议：_____；
□禁用

评估人		时间	

注：本表用于木结构和土石墙结构以外的其他结构类型结构房屋的震后安全性应急评估。

附录 B 震后木结构和土石墙结构村镇
建筑安全性应急评估表

建筑物概况				
房屋名称			地址	
产权人		建造年代	_____年，□不详	
抗震设计	□是　　□否　　□不详	抗震加固	□是　　□否　　□不详	
使用性质	□居住建筑，□圈舍，□其他：_____			
建筑规模	地上____层，地下____层，建筑面积_____m²，（长_____m，宽_____m）			
结构类型	□村镇木结构，□村镇石结构，□村镇生土墙结构，□其他：_____			

安全性应急评估	
可直接判定为禁用	□建筑部分或全部垮塌，□建筑整体或部分明显倾斜，□地基基础明显破坏，□建筑场地评为禁用　□其他：_____

场地环境	
□滑坡；□泥石流；□滚石；□有较宽地裂；□有较大震陷或隆起变形；□相邻建筑对本建筑安全有影响；□以上均无；□潜在危险较短时间处理（内容：_____）	□可用；□限用；□禁用

地基基础	
□地基出现液化；□地基失效引起基础沉降；□不均匀沉降引起房屋倾斜；□以上均无；□潜在危险较短时间处理（内容：_____）	□可用；□限用；□禁用

结构构件			
构件名称	可用	限用	禁用
□生土墙	□	□，主要现状	□，主要现状
□石砌体墙	□	□，主要现状	□，主要现状
□石柱	□	□，主要现状	□，主要现状

58

□石梁	□	□，主要现状	□，主要现状
□石楼板	□	□，主要现状	□，主要现状
□木构架	□	□，主要现状	□，主要现状
□木柱	□	□，主要现状	□，主要现状
□木梁	□	□，主要现状	□，主要现状
□木屋架	□	□，主要现状	□，主要现状
□木檩条	□	□，主要现状	□，主要现状

结构构件分项评估结论：□可用；□限用；□禁用

非结构构件

□围护墙	□	□，主要现状	□，主要现状
□女儿墙	□	□，主要现状	□，主要现状
□烟囱	□	□，主要现状	□，主要现状
□装饰物、水箱、线缆等	□	□，主要现状	□，主要现状

非结构构件分项评估结论：□可用；□限用；□禁用

房屋震后安全性应急评估结论

□可用；□限用，应急处理建议：_____；
□禁用

评估人		时间	

59

附录 C 震后建筑安全性应急评估标识

C. 0. 1 应急评估标识应符合下列规定：

 1 标识中应有建筑名称、评估结论、评估日期和有效期。

 2 应急评估定性为"可用"的标识，可采用绿底色加黑色字体标识。

 3 应急评估定性为"禁用"的标识，可采用红底色加黑色字体标识。

 4 应急评估定性为"限用"的标识，可采用黄底色加黑色字体标识。

C. 0. 2 应急评估标识可按图 C.0.3-1 ~ 图 C.0.3-3 的模板制作。

房屋名称：＿＿＿＿＿＿＿＿＿＿＿＿＿＿＿＿＿＿＿＿＿＿＿

可用

评估时间：＿＿＿＿年＿＿月＿＿日   有效期：＿＿个月

四川省住房和城乡建设厅监制

图 C.0.3-1 可用标识

房屋名称：_____

限用

应急处理部位：_____

评估时间：_____年____月____日   有效期：____个月

四川省住房和城乡建设厅监制

图 C.0.3-2　　限用标识

房屋名称：_____

禁用

备注：_____

评估时间：_____年____月____日

四川省住房和城乡建设厅监制

图 C.0.3-3　　禁用标识

附录D 震后建筑安全性应急评估情况汇总表

填报单位： 市（州） 县 年 月 日

分类方式	房屋类型	安全性应急评估结论						备注
		可用		限用		禁用		
		栋数	m²	栋数	m²	栋数	m²	
按使用性质	学校							
	医院							
	住宅楼							
	办公楼							
	厂房							
	村镇民居							
	其他公共建筑							
	其他（ ）							
合 计								
按结构形式	砌 体							
	钢筋混凝土框架							
	钢筋混凝土框架-剪力墙							
	钢筋混凝土剪力墙							
	底部框架砌体							
	内框架砌体							
	土、木、石结构							
	其他（ ）							
合 计								

说明： 1 可根据需要分别采用按使用性质和按结构形式分类汇总。

2 本表统计以城镇为单位，统计表由市（州）汇总后上报。

3 本表房屋建筑应以单栋建筑为单位，分别按栋数和建筑面积统计。

4 表中其他公共建筑是指除医院、学校以外的公共建筑，包括展览馆、体育馆、商场等。

5 表中厂房包括仓库、库房类结构。

本规程用词说明

1 为了便于执行本规程条文时区别对待，对要求严格程度不同的用词说明如下：

1）表示很严格，非这样做不可的：

正面词采用"必须"；反面词采用"严禁"；

2）表示严格，正常情况下均应这样做的：

正面词采用"应"；反面词采用"不应"或"不得"；

3）表示允许稍有选择，在条件许可时首先应这样做的：

正面词采用"宜"；反面词采用"不宜"；

4）表示有选择，在一定条件下可以这样做的，采用"可"。

2 本规程中指定应按其他有关标准、规范执行时，写法为："应符合……的规定"或"应按……执行"。

引用标准目录

1 《地震现场工作 第二部分 建筑物安全鉴定》GB 18208.2
2 《建筑地基基础设计规范》GB 50007
3 《建筑抗震设计规范》GB 50011
4 《建筑抗震鉴定标准》GB 50023
5 《民用建筑可靠性鉴定标准》GB 50292
6 《危险房屋鉴定标准》JGJ 125

四川省工程建设地方标准

四川省震后建筑安全性应急评估技术规程

DBJ51/T068 – 2016

条 文 说 明

目　次

1 总 则

1.0.1 本规程的目的在于，在破坏性地震发生后的地震应急期，统一和规范震后建筑安全性的应急评估，使之科学合理、有条不紊、快速有效地判别震后建筑的安全性，避免或最大限度地减轻震后建筑给人员安全再次造成危害，以及安全可靠地解决群众震后居住安置，维护社会稳定提供震后建筑安全性应急评估的技术依据。

《四川省地震应急预案》（川办函〔2012〕98 号）第 1.1 条规定，进一步明确四川省县级以上人民政府和相关部门在地震应急工作中的职责和地位，快速、有序、高效地组织开展地震应急处置工作，最大限度地减少人员伤亡、减轻经济损失，维护社会稳定。《四川省住房城乡建设系统地震应急预案》（川建发〔2012〕33 号）第 1.1 条指出，为建立健全全省住房城乡建设系统应对破坏性地震的工作体系和运行机制，全面做好全省住房城乡建设系统地震应急工作，最大限度地预防和减轻地震对人民生命财产、房屋建筑和市政公用基础设施的损失，结合我省实际，特制定本预案。《地震现场工作第二部分 建筑物安全鉴定》GB18208.2—2001 的前言指出，制订本标准的主要目的，是贯彻《中华人民共和国防震减灾法》，在地震现场工作中，切实做好受震房屋建筑的安全鉴定，保障灾区人民的生命和财产的安全，尽快妥善安置灾民，恢复正常社会秩序，维护社会稳定。

1.0.2 本规程的适用范围。强调了"地震灾害事件"、"地震应急期"、"既有建筑"、"使用安全性"和"应急评估"等关键词,明确规定了不适用的范围。《四川省地震应急预案》(川办函〔2012〕98号)第2章明确,地震灾害事件是指造成人员伤亡和财产损失的地震事件,按其破坏程度划分为4个等级。即:

1 特别重大地震灾害事件。指造成300人以上死亡,或直接经济损失占我省上年生产总值3%以上的地震灾害事件。初判指标:发生在市(州)人民政府驻地城区6.0级以上地震;或发生在省内其他地区7.0级以上地震,可初步判断为特别重大地震灾害事件。

2 重大地震灾害事件。指造成50人以上、300人以下死亡的地震灾害事件。初判指标:发生在市(州)人民政府驻地城区5.0~5.9级地震;或发生在省内其他地区6.0~6.9级地震,可初步判断为重大地震灾害事件。

3 较大地震灾害事件。造成10人以上、50人以下死亡的地震灾害事件。初判指标:发生在市(州)人民政府驻地城区4.0~4.9级地震;或发生在省内其他地区5.0~5.9级地震,可初步判断为较大地震灾害事件。

4 一般地震灾害事件。造成10人以下死亡的地震灾害事件。初判指标:发生在省内4.0~4.9级地震,可初步判断为一般地震灾害事件。

由于震后建筑安全性应急评估强调快速、宏观,其工作的目标、内容、深度和广度,以及工作要求等,均与在正常使用环境条件下建筑安全性鉴定和抗震鉴定、正在施工建筑的震损评估有本质上的区别，因此本规程不适用这些范围建筑的安全性评估和鉴定。

需要强调指出的是，在以往的应急评估中，将震后建筑的安全性应急评估与建筑的灾损评估混淆，这是相当不科学、不恰当的，甚至可能留下安全隐患。原建设部颁发的《建筑地震破坏等级划分标准》（1990）建抗字第 377 号，明确指出是为震后建筑物的震害调查及震后房屋建筑的损失评估，该标准将破坏等级分为基本完好、轻微损害、中等破坏、严重破坏和倒塌五类，并未涉及对震损建筑安全性评估的条款。即，该标准是针对震后建筑的破坏现状，评估出建筑遭受地震袭击后的破坏程度，不涉及建筑在余震频发的应急期间的安全性评估。汶川地震后，在没有震后建筑安全性应急评估标准的背景下，将该标准作为震后建筑安全性应急评估的依据实属无奈。认为在遭遇地震袭击后处于基本完好、轻微损坏，甚至部分中等破坏的建筑是安全的，这种观点忽视了既有建筑在震前就可能存在的安全隐患，忽视了地震及建筑震害的复杂性。震害调查表明，有的建筑在震前就存在安全隐患，在主震时建筑的震害并不严重，但在频发的余震中震害明显加重，甚至发生倒塌。因此，仅凭震后建筑破坏等级的划分，对应建筑的安全性是不可靠而且可能留下安全隐患的。再者，有的出于经济补偿或震后发展的考虑，将建筑的震害与经济损失直接挂钩，干扰或故意扩大建筑的震害程度，导致建筑的震害评估严重不实，影响震后应急期间人员的生活安置和影响震后恢复重建工作。因此，本规程明确规定适用于地震应急期间组织开展的对既有建筑使用安全性进行的应急评估，不适用于震后建筑灾损经济评估，以及非地震应急期的建筑安全性鉴定和抗震鉴定。

四川地区钢结构民用建筑相对较少，且钢结构建筑震后应急评估经验不足，因此本规程中无钢结构建筑的应急评估内容，有待今后研究和经验积累成熟后再补充。

1.0.3 破坏性地震发生后，既有的建筑均可能有不同程度的受损，建筑安全性应急评估的重点即是要区分出在一定的条件下能继续使用的建筑，以便及时提供灾区人民生活和生产活动使用。本规程所指的建筑安全性，既包含了建筑不受余震影响的短期安全性，也包含了可能遭遇余震影响的短期安全性，这是在应急期间不可能将正常使用环境条件下的安全性评估与抗震性能的评估分隔进行评估的特殊要求。本条提出了"应急评估有效时限"的概念，这是基于应急评估工作的特点提出的，即应急评估是在一定条件下对建筑（无论是受损还是未受损）短期的使用安全作出的评估。鉴于震后建筑安全性应急评估中的检查多为目测，多基于建筑结构安全概念和经验进行的评估，与现有建筑的安全性鉴定和抗震鉴定在内容及要求、方法及判断等有着质和量的明显区别，因此，应急评估的结论具有明显的时限性。本条明确了应急评估结论为可用和限用建筑的基本安全目标，即可用和限用建筑的最低安全目标，这是保证实现最大限度地减少人员伤亡，维护社会稳定目标的底线，也是应急评估单位和评估人员应严格掌握的底线。

本条规定了应急评估中应考虑的地震环境要求，即震后的建筑的基本安全目标应保证建筑在正常使用环境条件（即不发生对建筑产生明显影响的余震），或在余震烈度不高于当地遭遇的主震烈度，以及余震烈度不高于震前当地抗震设防烈度的三种情况下，均不应出现建筑的主体结构倒塌或发生危及生命的严重破坏。由于现有建筑建造年代、抗震设防状况、使用维护状况、地震受损状况等千差万别，不可能在短时间内对建筑在可能遭遇高于当地抗震设防烈度的余震时的安全性作出评估，这样的评估既不科学，又不具可操作性，不安全的风险太大，因此，当有关部门预估余震有可能超过当地抗震设防烈度时，无论是经过评估的建筑，还是未经评估的建筑，均应暂时撤离避险。

1.0.4 在震后建筑安全性应急评估中，尚需对建筑抗御余震的能力（抗震能力）进行评估，即是在达到 1.0.3 条规定的基本目标的前提下，对建筑抗御余震能力的水准予以评估。地震发生后，实际遭遇的地震烈度可能与国家有关文件确定当地的地震基本烈度、建筑抗震设防烈度有或高或低的差异，新的地震基本烈度、建筑抗震设防烈度需要有关部门进行综合分析后，再经有权限的部门审批颁布。汶川地震中，许多地方遭遇的地震实际烈度均较抗震设防烈度高，如都江堰市的震前抗震设防烈度 7 度，但实际遭遇烈度达到 9 度，甚至 10 度。《中国地震动参数区划图》修订后，都江堰市的抗震设防烈度调整为 8 度。鉴于地震应急期的时间急迫和使用安全的特性要求，震后建筑安全性应急评估中的抗震设防烈度的确定只能按照震前当地抗震设防烈度确定。本条所指的震前有效文件（图件）确定的抗震设防烈度，仍然以国家有权限部门审批、颁发的文件（图件）为准。

1.0.5 汶川地震及多次地震表明，地震发生后首要突出的问题在于，灾区群众不知自己的房屋是否能够居住（无论是老旧房屋，还是刚投入使用的房屋），都从房屋中涌上街头、公园、绿化带和没有建筑的场地，日以继夜地在外露宿，人心躁动、惶恐不安。这种"跑地震"状况既直接影响广大群众的生活，又直接影响政府有序组织抢险救灾，还可能导致社会治安动荡和发生其他次生灾害，因此，解决这种"跑地震"状况，尽快使受灾群众基本得到安置，成为地震应急期间急需解决的头等大事之一。本条突出了"以人为本,避免和减少人员伤亡"的震后建筑安全性应急评估的优先原则。其中最直接危及人员生命安全和基本生活保障的建筑应是人员密集的居住建筑、幼儿园、学校和公共建筑，以及避难场所和危及救灾避难场所安全的建筑；抗震救灾重要建筑包括抗震救灾指挥机构的建筑，以及生命线工程建筑和急需恢复使用的工程建筑；可能导致严重次生灾害的建筑工程包括生产、储藏有毒、有害等危险品的建筑。

《四川省住房城乡建设系统地震应急预案》第 1.4.2 条规定，地震中房屋建筑和市政公用基础设施的震害直接危及灾区人民的生命财产安全和基本生活保障，住房城乡建设系统的地震应急工作必须最大限度地避免和减少人员伤亡，降低国家和人民群众的财产损失，尽快恢复市政公用基础设施的功能，保障人民群众的基本生活条件。住建厅《关于做好地震灾区城乡房屋建筑及市政基础设施安全性及损失评估有关工作的紧急通知》(厅应指办〔2008〕4 号)指出，要全力以赴，抓紧组织，加强学校、医院、大型商场、桥梁等公共建筑、设施和房屋建筑及应急避难场所的安全性及损失评估工作，防止次生灾害的发生。

1.0.6 震后建筑安全性应急评估结论为禁用的建筑，表明建筑存在明显的安全问题而不能使用。评估结论为限用和可用的建筑，仍可能存在潜在的建筑体系性或构造缺陷性的安全隐患，但建筑在应急期间的安全性能尚能满足本规程第 1.0.3 条规定的基本安全性目标，目前尚可使用或采取应急措施后可使用。潜在的安全隐患是指，由于应急评估侧重于建筑场地环境及结构构件的外观检查，其系统性和详细程度均不及常规的建筑可靠性鉴定和抗震鉴定，所发现的隐患也可能是局部的、非系统性的，不影响应急评估规定的基本安全性目标，需要通过系统鉴定才能确定是否构成建筑安全使用的隐患。本条规定在于，强调应急评估结论为禁用的建筑，其处理方式不一定就是拆除，除非是震后建筑主体结构已发生丧失承载能力的严重破坏或倾斜，以及建筑主体结构已部分（不仅是局部）倒塌，残余部分摇摇欲坠，对于这些显而易见为禁用的危险建筑，应及时采取排危措施。限用和"可用"的建筑（特别是检查中发现有潜在的安全隐患，但目前尚不构成影响短期安全使用的建筑）不一定完全满足建筑在正常使用环境条件下长期的安全性和建筑抗震安全的要求。这就需要作进一步的系统鉴定，根据系统鉴定的结果采取相适应的处理措施（包括拆除、局部拆除、维修和加固等），以避免造成不必要的浪费，或者造成有安全隐患建筑不能及时处理而日后酿成灾祸。

《地震灾后建筑鉴定与加固指南》（建标〔2008〕132号）第 2.1.3 条第 3 款指出，建筑结构的系统鉴定，应包括常规的可靠性鉴定和抗震鉴定。

2 术语和符号

2.1 术 语

2.1.2 取自国家《破坏性地震应急条列》第三十八条和《国家地震应急预案》第 3.1 条。

2.1.3 国家《破坏性地震应急条列》第 22 条规定，破坏性地震发生后，有关的省、自治区、直辖市人民政府应当宣布灾区进入震后应急期，并指明震后应急期的起止时间。第 38 条解释："地震应急"是指为了减轻地震灾害而采取的不同于正常工作程序的紧急防灾和抢险行动。

2.1.8 取自《四川省建设工程抗御地震灾害管理办法》（四川省人民政府令第 226 号 ）。

2.1.9 取自《四川省建设工程抗御地震灾害管理办法》（四川省人民政府令第 226 号 ）。

3 基本规定

3.0.1 本条规定了震后建筑安全性的应急评估工作的启动时间节点和余震环境的基本条件。鉴于震后建筑安全性应急评估工作的特殊性，这项工作应在政府及建设行政主管部门的统一部署下开展，包括根据地震灾害和应急响应级别的确定，震后建筑安全性应急评估工作的启动时间和结束时间、应急评估单位及人员安排、应急评估工作的具体要求等。

　　《四川省防震减灾条例》（2012 年 10 月 1 日起施行）第四十八条规定，地震应急救援工作遵从指挥机构统一领导、综合协调、分级负责、属地为主的原则。第五十一条规定，地震发生后，地震灾区进入震后应急期。《四川省地震应急预案》（川办函〔2012〕98 号）第 1.4.1 条规定，省人民政府负责统一领导全省地震应急处置工作。四川省抗震救灾指挥机构负责统一指挥、协调、部署全省地震应急处置工作。第 1.4.4 条规定，地震事件发生地县级以上地方人民政府依照本预案明确的责任、任务，负责统一领导、指挥和协调本行政区域的抗震救灾工作。中央驻川单位、企事业单位和社会团体，来川参加抗震救灾工作的救援队伍或救助团体，在当地人民政府和抗震救灾指挥机构的领导和指挥下开展抗震救灾相关工作。《四川省住房城乡建设系统地震应急预案》第 5.1.1 条规定，根据《四川省地震应急预案》的规定，住房城乡建设厅地震应急响应按照地震灾害等级标准划分为 Ⅰ、Ⅱ、Ⅲ、Ⅳ四个级别。当我省发生特别重大地震灾害事件时，启动地震应急Ⅰ级响应；发生重大地震灾害事件时，启动地震应急Ⅱ级响应；发生较大地震灾害事件时，启动地震应急Ⅲ级响应；发生一般地震灾害事件时，启动地震应急Ⅳ级响应。第5.2条自行启动机制规定，地震事件发生后，若省人民政府未确定地震应急响应级别，可根据震情和灾情初步判断结果立即启动本部门地震应急响应。第6.1.3条（Ⅰ级响应）、第6.2.3条（Ⅱ级响应）、第6.3.3条（Ⅲ级响应）均规定了"对灾区房屋建筑进行震时应急评价和工程抢险"的工作要求。

《地震现场工作 第二部分 建筑物安全鉴定》GB18208.2—2001第4.1.2条规定，预期地震作用的大小，依据现场抗震救灾指挥部对震后地震趋势的判定。

3.0.2 《四川省地震应急预案》各级地震应急响应预案中，均有"应急结束"的规定，基本上是以生命搜救工作已经完成、次生灾害后果基本得到控制、受灾群众基本得到安置、震情发展趋势基本稳定、灾区社会秩序基本恢复正常为特征，由省人民政府宣布应急响应结束。《四川省住房城乡建设系统地震应急预案》第8.5条规定，省抗震救灾指挥部宣布破坏性地震应急期结束后，住房城乡建设系统破坏性地震应急期随之结束。第8.6.2条规定，地震应急工作结束后，要按抗震防灾规划要求制定恢复重建计划，组织勘察设计单位严格按照工程建设标准进行抗震设计、抗震鉴定和抗震加固。

震后建筑安全性应急评估是在地震灾难紧急时期的一项应急特殊对策，与常规的建筑安全性鉴定、抗震鉴定，以及相应的加固工作均有着显著的区别，因此，当政府已经宣布应急响应结束后，意味着地震应急期结束转为灾后重建期，此时就不应再采用震后建筑安全性应急评估的方式对建筑的安全性进行应急评估。本条明确了震后建筑安全性应急评估的结束时间节点，与灾区抗震救灾整个的工作分期相适应，同时也防止了在灾后重建期仍在误用本规程而导致使用技术标准上的混乱，给建筑的长期安全性留下隐患。对于在政府已经宣布"应急结束"后，确有需要按本规程进行应急评估的少量建筑工程的特殊情况，因涉及评估使用的标准依据问题，经委托方与受托方协商后，应报经当地建设行政主管部门审查批准，方可实施。

3.0.3 根据我国历次震害调查实践经验，特别是总结汶川地震、芦山地震的震后建筑安全性应急评估的工作经验，并参考相关资料，制定本规程的应急评估程序。根据汶川地震、芦山地震的经验，震后建筑应急评估的委托存在多样形式，除主要由当地抗震救灾指挥部统一的指令性安排外，还有个人委托（私有房屋）、法人委托（企事业或集体房屋）等。因此，本条所指的"指派"是指当地抗震救灾指挥部统一的指令性安排，而"委托"则包括自然人、法人等的委托。本条将震后建筑安全性应急评估工作粗分为三大部分，即现场检查建筑场地环境、现场检查建筑破坏情况和查证资料、安全性应急评估。工作程序框图较为清晰地反映了应急评估的工作流程，特别是指出了在现场检查建筑场地环境和检查建筑破坏情况中，当发现被评估的建筑所处场地明显有危险，或相邻的建筑破坏对被评估建筑安全使用已明显构成危害时，以及对被评估的建筑已明显呈现倒塌或严重破坏的危险状况时，不再进入下一工作流程而直接出具评估报告和标识，使其评估工作既符合实际，又提高工作效率。

3.0.4 本条规定了震后建筑安全性应急评估的工作原则，突出了应急评估的内容、重点和应考虑的因素。震后建筑安全性应急评估时，应重点关注以下几个关键环节：

　　1 建筑所处的场地环境的评估是应急评估工作的首要环节，包括相邻建筑的破坏对本建筑安全使用影响的评估。汶川地震、芦山地震等的震害教训表明，对处于危险场地的建筑物，无论上部建筑如何牢固，在未消除场地安全隐患时均不可使用；再是由于地震的复杂性，以及相邻建筑的结构、质量和抗震设防情况的差异，地震中相邻建筑的破坏程度可能大不相同，即使同一栋建筑在变形缝、沉降缝、抗震缝分隔的两边结构单元，其震害也可能出现不同程度的震害，甚至在分隔缝处出现两边结构单元相碰撞而导结构构件严重破坏等等。因此，无论是相邻建筑还是分隔缝两侧的结构单元，破坏的建筑或结构单元均可能对另一相邻的建筑或结构单元造成安全威胁。所以，震后建筑安全性应急评估首先应对被评估建筑所处的场地环境的安全性进行评估，当所处的场地环境出现明显的危险状况或隐患，以及相邻破坏的建筑对被评估的建筑构成安全隐患时，建筑的应急评估结论可直接评估为禁用。充分注意相邻建筑的破坏情况，并分析判断相邻建筑的进一步破坏的可能，以及对被评估建筑使用安全产生的直接影响，这种情况在建筑密度大，多层及高层建筑也越来越多的城市中尤为重要。

　　2　对建筑应急评估的检查应按照"先外部宏观，后内部检查；先地基基础，后上部建筑结构检查；重点检查关键结构构件和易倒塌伤人的非结构构件"的原则和步骤进行。这一原则和步骤是基于评估人员安全的要求和提高应急评估工作效率，以及从建筑结构破坏机理和结构承载关键环节角度考虑的。

　　3　现场对建筑结构构件检查中，要区分震损结构构件在整个建筑(楼层)结构中的重要性，重点检查关键部位的结构构件，以及震损构件所占的数量比例，以求达到安全和快速评估的目的。建筑震害调查表明，非结构构件的破坏是非常普遍的，如室内装饰的吊顶、隔断等等，而非结构构件的破坏并不能反映建筑结构体系使用安全性的真实意义，但有些非结构构件的破坏同样危及人员生命的安全或影响人员疏散的安全通道。因此，对非结构构件的检查，应重点关注易倒塌和掉落伤人，以及影响疏散安全通道的非结构构件。

3.0.5　本条将震后建筑安全性应急评估大致分为四个分项，并规定先对分项依次循序进行评估，再进行建筑整体的综合性评估。分项的划分有利于规范和指导震后建筑安全性应急评估的工作步骤和程序；也有利于在分项评估中，当符合本规程有关规定时，不再进入下一环节的应急评估，直接对建筑整体安全性作出评估结论，以达到安全和快速的目的。

　　参照《工程结构设计基本术语标准》GB/T 50083—2014对结构和构件的解释，本规程中的结构构件是指建筑承重骨架体系涉及的结构构件和部件（包括楼梯、阳台、楼盖等），以及承担抗侧力的结构构件。特别强调的是对于承担抗侧力的结构构件，无论是承重还是自承重均应视为结构构件，如横墙承重砌体结构建筑中的的纵墙、底框砌体结构建筑中的抗震墙等等。参照《建筑抗震设计规范》GB50011对非结构构件的解释，本规程中的非结构构件是指建筑结构骨架体系以外的固定构件和部件（包括室内轻质隔墙、填充隔墙、窗台及外廊栏板、门厅雨篷、女儿墙等），以及附着于楼面和屋面的非受力构件、装饰构件和部件、固定于楼面的大型贮物架等。建筑附属机电设备是指建筑使用功能服务的附属机械、电气构件、部件和系统，主要包括电梯、照明和应急电源、通信设备、管道系统，采暖和空气调节系统，烟火监测和消防系统，公用天线等。

3.0.6 本条规定了分项评估和整体评估的结论分为可用、禁用和限用三类。对震后建筑的应急评估结论的划分，是基于震后应急期间对建筑使用安全性评估的基本要求所考虑。对于限用类，有的文献中划分出"暂不使用""待定""待处理"等等，其实质上是这些建筑存在不同程度的安全隐患或问题，目前是不可使用的，这是与本规程的基本要求是一致的。但考虑到上述用词的含义有可能对这些存在安全隐患的建筑需要处理的隐患、问题较多，或许还需要进行详细的系统鉴定等等，后续处理的时间也可能大大超过震后应急期，使得灾区群众对这些建筑能使用的条件和时间概念模糊。鉴于本规程对震后建筑应急评估的基本目标和期效作出了规定，明确要求对结构构件存在安全隐患的建筑，在震后恢复重建期应及时进行相应的详细鉴定，故不划分出"待定"、"待处理"类。本规程划分的限用类，主要针对的是出现轻微损坏或非结构构件破坏，且在较短的时间即可采取清理、局部拆除、修复修补，以及重新安置室内设施、设备等应急处理措施后即可安全使用的建筑。

3.0.7　本条规定了建筑场地环境分项评估的基本要求。现场检查应掌握的重点：一是检查建筑所处场地的破坏；二是检查建筑周边地理环境的破坏；三是检查相邻建筑的破坏。影响建筑场地环境安全的因素较多且复杂，地震后有些破坏或隐患已明显直接危及建筑的使用安全，但也还有些潜在的安全隐患对建筑使用安全有潜在的威胁。多次大地震的震害表明，地处山地的建筑在震后面临的次生灾害威胁主要是泥石流、滑坡、崩塌、山洪等地质灾害，而这些地质灾害均与降雨气候条件密切相关，因此，当建筑所处场地在历史上有过严重的地质灾害的案列，在对建筑场地环境分项进行应急评估时，应注意了解地震应急期间当地的降雨等气候情况，综合评估建筑场地自然环境的安全性。应急评估工为了建筑的使用安全，对这些潜在的安全隐患必须采取应急处理措施予以防范。破坏的相邻建筑对被评估建筑安全的影响，见本规程3.0.4条的条文说明。

3.0.8　本条强调了应急评估工作中对建筑资料和现场检查建筑外观的重点。核查建筑建造年代、设计及竣工资料，可快速了解建筑使用材料、结构体系、抗震设防、施工质量、维修改造等相关信息。如20世纪80年代前建造的建筑，其使用的材料强度等级相对较低，抗震设防的水准也较低或没有抗震设防等等。这些资料信息有助于对建筑震害的快速分析，以及对建筑使用安全性的快速评估，也有利于对建筑下一步的处理（加固维修还是拆除）。因此，被应急评估建筑的业主或建设方应尽可能快速、完整地提供建筑的相关资料。按照震后建筑应急评估的工作原则，现场对建筑的检查应先检查建筑的外观，从建筑的外观检查中大致可目测到建筑的屋盖（尤其是坡屋盖）、外围结构构件的破坏及其程度，以及建筑整体的倾斜、局部坍塌等情况。对建筑的外观检查既有利于对已不具备安全使用条件的建筑（如严重破坏、部分倒塌、明显倾斜、倒塌等）的快速评估，也是保证评估人员现场检查安全的重要工作步骤。

3.0.9 本条规定了建筑地基基础分项评估的基本要求。建筑的地基基础无论哪一方面出现问题，均将直接影响建筑物的安全。当地基基础已发生明显的破坏或失稳时，必然会导致建筑产生难以估量的安全事故和隐患。砂土液化是饱水的粉细砂或轻亚黏土在地震的作用下瞬时失掉强度，也是饱水的粉细砂或轻亚黏土地基地震震害的典型特征。砂土液化对建筑破坏性非常严重的，喷水冒砂使地下砂层中的孔隙水及砂颗粒被移到地表而使地基失效，同时地下土层中固态与液态物质缺失导致不同程度的沉陷而使地面建筑物倾斜、开裂、倾倒、下沉。因此，当震后建筑地基或周边出现大面积的砂土液化现象时，即使建筑破坏现象尚不严重，在未进行系统的鉴定前也应禁用。

3.0.10 本条规定了在应急评估的现场检查中对建筑结构内部检查时的重点要求。即：一是对可见的结构构件的损伤及破坏情况进行外观检查，包括地震造成的和非地震造成的损伤及破坏；二是检查中发现关键部位的结构构件表面出现损伤，且从表面现象尚不能评估结构构件破坏时，应当剔除其表面装饰层（抹灰层、保护层）进行更深层次的核查或检测；三是强调了对非结构构件和附属物检查的重点要求，即重点检查非结构构件自身的整体性，以及与主体结构的连接的受损情况。

3.0.11　本条规定了结构构件分项的检查评估的基本要求。对本条第 2 款所列的结构构件破坏的状况，实际上已经达到在建筑震害鉴定中的"中等破坏"以上，或危房鉴定中的"C 级危房"以上或可靠性鉴定中的"C_{su} 级"以上的程度，对于出现这种破坏状况的建筑，无疑其安全性应急评估结论是禁用。建筑结构产生裂缝的情况较为普遍，在现场检查和评估中应注意从裂缝的数量、位置和形态综合判别裂缝的危险性。对于出现明显危及结构构件安全的裂缝，结构构件分项应评估为禁用；对于出现不危及结构构件使用安全的裂缝，但裂缝影响使用功能而需采取应急处理措施的，以及出现个别危及结构构件使用安全的裂缝，但可在短时间内采取应急措施处理的，结构构件分项应评估为限用；对于出现影响结构构件长期耐久性等的裂缝，在应急评估时可不予考虑。

3.0.12　震害调查表明，建筑非结构构件的地震破坏是非常普遍的，如隔墙开裂、变形和坍塌，装饰层及抹灰层剥落、变形，出屋面烟囱和女儿墙开裂、倒塌等，虽然非结构构件的破坏大多不至于导致结构整体失效，但可能直接影响人员生活活动和疏散安全。因此，本条基于震后建筑应急期的安全，规定了对建筑非结构构件的检查评估的要求。对非结构构件的检查和评估应注意包括：建筑的附属物的破坏（如风貌装饰物和附属于建筑的通信、供水等设施）、建筑装饰幕墙、门厅雨篷和装饰物等，以及建筑室内的隔断墙、填充墙、窗台及外廊栏板等。

3.0.13 砌体结构、钢筋混凝土结构、底部框架和内框架结构建筑，以及单层厂房和单层空旷砖房的结构构件和非结构构件等分项评估，应首先评估单个构件的安全性等级，再进行分项评估。单个构件的安全性分为三级，按本规程相对应的结构类型建筑的判别要求确定。其中Ⅰ级构件是指按评估项目，未出现明显损伤（或变形或构造缺陷）的构件；或出现轻微损伤（或变形或构造缺陷），且尚不明显影响构件性能；Ⅲ级构件是指按项目，出现明显损伤（或变形或构造缺陷）的构件，且已经明显影响构件性能；Ⅱ级构件是指不符合Ⅰ和Ⅲ级构件要求，且产生的影响程度较Ⅲ级轻微。Ⅰ级构件可理解为震后基本完好或轻微损坏的构件，Ⅱ级构件为震后中等损坏的构件，Ⅲ级构件为严重损坏或倒塌的构件。考虑震后应急评估的特点，给出的构件分级的目的主要用于建筑的分项评估和整体评估，不需要对所有构件的破坏情况进行检查评级，主要通过对关键构件震害检查，就能快速给出房屋的震后安全性应急评估结论。

结构构件或非结构构件的评估步骤，单个构件评级（Ⅰ级、Ⅱ级、Ⅲ级）→某构件类评定（可用、禁用、限用）→结构构件或非结构构件分项评估（可用、禁用、限用）。

附录 A 是统计房屋概况、建筑场地、地基基础、结构构件和非结构构件的评估类别，以及房屋整体的评估结论的汇总表格。房屋构件的应急评估现场检查表格可参考下表制作。

房屋构件震后安全性应急评估现场检查表

建筑物概况					
房屋名称			地址		
产权人			建造年代	_____年，□不详	
抗震设计	□是　　□否　　□不详		抗震加固	□是　　□否　　□不详	

结构构件名称		分级评估		
	检查项目	Ⅰ级	Ⅱ级	Ⅲ级
墙体	裂缝	□全部为Ⅰ级	□有：_____层，共_____根； □无	□有：_____； □无
	主要构造措施	□承重墙厚度、主要构造柱设置部位、圈梁设置部位基本满足要求。	□主要构造措施不属于Ⅰ级和Ⅲ级，且产生的影响程度较Ⅲ级轻微。	□结构布置混杂，传力途径不合理，墙体放置在预制板上。 □结构整体性差。 □主要承重墙体厚度小于180 mm。 □主要构造柱设置部位、圈梁设置部位明显不满足要求。
	根据裂缝项和主要构造措施项的最低一级确定墙体的等级：□Ⅰ级；□Ⅱ级；□Ⅲ级			
柱、梁和板均按此表示。				

结构构件的震后安全性应急评估		
□可使用	□应急处理后可使用	□不可使用
主要构件和一般构件的震后安全性应急评估均评为Ⅰ级。	同时满足：（1）主要构件均评为Ⅰ级；（2）个别一般构件评为Ⅱ级；（3）不含Ⅲ级构件。	满足之一：（1）含有Ⅲ级构件；（2）含有部分Ⅱ级构件。

非结构构件名称	Ⅰ级	Ⅱ级	Ⅲ级
□隔墙	□出现轻微裂缝、无明显变形且有可靠拉结措施。	□出现明显破坏、变形时，或无可靠拉结措施。_____层，_____根	□出现损坏已明显伤及主体结构，且已构成安全隐患。_____层，共_____根
□女儿墙	□女儿墙高度不超过500 mm，且未出现外倾或局部外闪。	□高度超过500 mm、且无抗震构造措施，或出现外倾、局部外闪。_____层，_____根	□出现损坏已明显伤及主体结构，且已构成安全隐患。_____层，共_____根
□栏板墙	□出现轻微裂缝、无明显变形且有可靠拉结措施。	□出现明显破坏、变形时，或无可靠拉结措施。_____层，共_____根	□出现损坏已明显伤及主体结构，且已构成安全隐患。_____层，共_____根

非结构构件的震后安全性应急评估				
□可使用		□应急处理后可使用	□不可使用	
同时满足：（1）不含Ⅲ级构件；（2）个别为Ⅱ级构件。		同时满足：（1）不含Ⅲ级构件；（2）少数为Ⅱ级构件。	满足之一：（1）含有Ⅲ级构件；（2）部分为Ⅱ级构件。	
记录人		时间	校核人	时间

3.0.14　土、木、石结构建筑主要为农村住房和小城镇的老旧民房，多为业主自建。这建筑大多为单层、两层的体量较小的建筑，且无正规设计、无有效的施工质量控制和无妥善的使用期修缮。因此，这类建筑大多表现为结构体系混杂、抗震设防措施差、建筑材料混乱且性能差或低劣、施工质量不可靠和年久失修等等。因此，对这类建筑的震后安全性应急评估可根据建筑结构和非结构构件的受损情况直接进行分项评估，没必要按照砌体等结构建筑的结构构件和非结构构件的分项评估的要求进行。附录 A 是统计房屋概况、建筑场地、地基基础、结构构件和非结构构件的评估类别，以及房屋整体的评估结论的汇总表格，应急评估现场检查表格可参考制作。

3.0.15　该条为同类结构构件的综合评估作出的规定。结构构件分为主要构件和一般构件。当构件均评为Ⅰ级时，该类结构构件综合评为可用。评为限用的结构构件仅适用于一般构件，主要考虑在震后较短时间内，通过简单的处理后，使其能够达到可使用的条件，因此，允许个别一般构件（如个别楼屋盖板、个别木檩条等）达到Ⅱ级，不允许含有Ⅲ级构件。

　　"个别"一般不超过总量 3%，"少数"一般不超过总量 5%，"部分"则超过总量的 10%。

3.0.16　该条为同类非构件的综合评估作出的规定。当构件均评为Ⅰ级时，或者不含有Ⅲ级构件，含有个别Ⅱ级构件且不影响人员生活活动安全使用时，该类非结构构件综合评为可用。评为限用的非结构构件，主要考虑非结构构件的安全性级别和能否快速应急处理两个因素，对于大多数非结构构件而言，是可以通过快速简便的处理使其能够达到可使用的条件的。

3.0.17 本条规定了在对建筑的外观检查中，对已不具备安全使用条件的建筑，可不再对其他分项和建筑内部进行检查及评估，直接对结构构件的分项评估为禁用。在外观检查中，有建筑鉴定经验的工程技术人员，对判定建筑出现显而易见的严重破坏、部分坍塌和明显倾斜，是否影响建筑安全使用并不困难。本规程在后面的各章中，对不同建筑结构中影响建筑结构安全的显而易见典型的破坏状态表征作出了表述。

3.0.18 鉴于震后建筑安全性应急评估的性质和实际需求，本条从建筑使用安全和快速评估的角度考虑作出的快捷规定。当依照本规程规定从建筑的场地环境、地基基础、结构构件、非结构构件分项循序评估，前项已出现禁用时，按照本规程的相关规定无论后续分项的评估结论如何，建筑整体的评估结论均为禁用。因此，没有必要再对后续分项进行应急评估。

3.0.19 《城市危险房屋管理规定》（中华人民共和国建设部令第129号）第十一条规定，经鉴定属危险房屋的，鉴定机构必须及时发出危险房屋通知书；属于非危险房屋的，应在鉴定文书上注明在正常使用条件下的有效时限，一般不超过一年。应急评估的工作特性，使其具有明显的期限性。规定报告有效性的目的在于避免将应急评估的结论误作为建筑的可靠性鉴定或抗震鉴定对待。即是说，在震后进入灾后重建时，即应根据建筑的实际情况，按照国家现行《民用建筑可靠性鉴定标准》《建筑抗震鉴定标准》《危房鉴定标准》等标准进行鉴定。本条区别两种情况提出了不同的有效期限，以"30年"为界限，主要是考虑建筑使用年限较长，可能因建筑的使用及维护不当，其结构材料及连接件等性能可能有所退化或失效。

3.0.20 因应急期时间紧迫的特殊情况，一般情况下不会出具单栋建筑的评估报告，尤其是指派应急评估的情况，因此存档资料尤为重要。本条规定了震后建筑安全性应急评估存档资料的基本要求。汶川地震中对震后建筑的应急评估的工作经验表明，由于参与应急评估的单位较多，其应急评估结论差异较大，甚至含混不清，不但给委托方造成困惑，还给抗震救灾的部署、灾后重建的后续管理等等带来不便或混乱。因此，非常有必要规定震后建筑安全性应急评估存档资料的基本要求。震后建筑安全性应急评估虽然有效期限相对较短，但涉及建筑的使用安全和地震应急期间的抗震救灾、社会秩序稳定等重大责任，因此，从结论溯源和责任追究角度考虑，震后建筑安全性应急评估的归档资料应清晰和完整，特别是现场检查中支撑评估结论的检查、检测的原始记录和影像资料，这些资料对建筑的后续鉴定和处理也将提供非常有价值的信息。

3.0.21 应急评估的标识主要用途是便于广大群众，对震后建筑是否可用能够一目了然，这就要求评估标识必须统一和规范，明确出关键的结论和内容，规定统一的标识色彩，防止各评估单位采用不同的标识而导致的混乱。汶川地震中，四川省建设厅《关于做好地震灾区城乡房屋建筑及市政基础设施安全性及损失评估有关工作的紧急通知》（厅应指办〔2008〕4号）就规定，对经评估定性为可使用的房屋建筑和市政基础设施，用"绿色圆圈"加"可使用"字样做出明确标识;对需加固方可使用的房屋建筑和市政基础设施,用"黄色圆圈"加"需加固限制使用"字样做出明确标识;对定性为危险的房屋建筑和市政基础设施,用"红色圆圈"加"危险"字样做出明确标识,拉出警戒线禁止使用。这一规定在四川芦山地震中,省住房和城乡建设厅再次以川建应指办发〔2013〕1号文办法应用。

3.0.22 鉴于震后建筑安全性评估工作量大且紧迫的特性,本条规定了不需要进行震后建筑安全性应急评估的条件,以利减轻震后建筑应急评估的工作量,缩短灾区震后建筑安全性评估的工作周期。本条主要考虑了三个因素控制,即:

1 设计和建造标准。汶川地震、芦山地震大量的震害经验证明,按照我国20世纪90年代实施相关建筑设计规范及《建筑抗震设计规范》进行抗震设计,且建造质量符合国家相关标准要求的建筑,其抗震能力基本上是能够实现预期的抗震设防目标的。汶川地震后,《建筑抗震设计规范》GB50011—2010在及时总结和吸纳了地震经验教训的基础上进行了修订,对建筑抗震设防的要求更趋完善,更能够实现预期的抗震设防目标。因此,对于这部分建筑的抗震能力,在一定条件下是可以放心使用的。

2 在同次地震中,不同地区所遭遇的烈度影响是不同的,其建筑遭遇的地震烈度也不同。本条将其控制在遭受低于本地区抗震设防烈度的多遇地震影响时,是依据《建筑抗震设计规范》制订的抗震设防"三水准"目标中的第一水准目标,即:当遭受低于本地区抗震设防烈度的多遇地震影响时,主体结构不受损坏或不需修理可继续使用。

　　3　震后建筑场地环境没有明显破坏和隐患，建筑结构构件和非结构构件无明显的裂缝、损伤、变形等损坏。

　　当委托方明确要求对这类建筑进行应急评估时，评估单位应查证建筑的相关资料，结合建筑现场检查的情况，对符合本条要求的，可直接评估为可使用。

3.2.23　本条中的局部及整体危房，或者显著及严重影响整体承载的建筑，是对应于《危险房屋鉴定标准》的 C 级和 D 级，或对应于《民用建筑可靠性鉴定标准》等标准的 C_{su} 或 D_{su} 的建筑，这类建筑的安全性鉴定已表明构成局部及整体危险。当这类建筑未采取加固等消除安全隐患的措施或措施不符合要求时，或者抗震鉴定不满足要求的建筑且未采取抗震加固时，无论遭遇地震后建筑的震害如何，鉴定中指出的安全隐患始终未能消除，因此，对于这类房屋的震后安全性应急鉴定，均应直接评估为禁用。

　　对应于《危险房屋鉴定标准》的 A 级或 B 级，或对应于《民用建筑可靠性鉴定标准》等标准的 A_{su} 或 B_{su} 的建筑，以及震前经过加固的建筑，其震后建筑的安全性应急评估，则应按本规程的相关规定进行。

3.0.24　在主震发生后，会在一段时间内发生多次余震，这是不可避免的客观自然现象。由于强余震有可能导致建筑场地及环境发生新的改变而产生新的安全隐患；或者由于建筑原有抗震设防标准与实际遭遇的地震烈度可能有较大的差异，甚至可能遭遇接近设防标准或更高的强余震，这对于已经遭遇主震袭击的建筑而言，有可能由于损伤积累效应而导致较大的安全隐患。因此，在发生强余震后，对于应急评估为可用或限用的建筑，应进行复查评估，重新给出评估意见。本条规定的关键在于，一是掌握好评估报告的有效期，在评估报告的有效期内，原应急评估单位和原指派部门或委托单位均应主动联系和沟通，取得是否需要复查评估的一致意见。二是把握好需要复查评估的条件，即是在遭遇强余震后且有关评估分项出现明显的新破坏或异常的情况下才需要进行复查评估，并不是发生一次余震，无论余震的强度如何，也不管建筑场地和坏境是否有变化，或建筑是否出现明显的新破坏等异常等都要进行复查评估。三是把握好复查评估的方式方法。复查评估的工作程序和要求，原则上是与应急评估的工作程序和要求是一致的，但由于已经有了应急评估的基础资料，复查评估则重点检查在余震中出现的新破坏或明显的异常状况。

3.0.25　汶川地震发生后，有关部门为了尽快解决既有建筑的安全使用问题，动员或激发了当地和省外支援的大专院校、设计单位、房管部门、科研机构、建筑质量管理部门、建筑质量检测单位、工程监理单位、技术力量较强的建筑施工单位参与了震后建筑物的应急鉴定工作。但是，由于没有震后建筑安全性应急鉴定的技术标准，大多数人员和单位也没有经过相关的技术培训，使得震后建筑安全性应急鉴定出现不尽如人意之处。这些不尽如人意之处除缺乏相适应的技术标准外，另一主要表现为：应急评估人员及单位的技术水平参差不齐，没有参与过应急评估(甚至没有参与过建筑鉴定)工作的经历和经验，还有相当多的人员没有经历过震害调查或抗震培训，一些评估人员并不知道应急评估的目的、要求和方法，以及应急评估与正常的安全鉴定、抗震鉴定的关系和区别，不能把握好应急评估方法和最终评估结论。

　　鉴于此，本条要求承担震后建筑安全性应急评估的单位和人员，均应具备相应的工作能力，包括工作的条件、建筑安全性鉴定和抗震鉴定的能力和工作经验，除此以外，还应经过对本规程的培训和实践。四川省建设系统组建了应急评估专家预备队，具有相应的工作能力和经验，经过本规程的培训或学习后，可成为应急评估的基本骨干力量。

4 场地环境及地基基础

4.1 一般规定

4.1.1 汶川地震充分表明了地震导致的地质灾害对人员生命和财产的威胁极大，因此，当建筑场地出现局部明显的地质破坏时，应充分引起高度重视。场地环境分项的应急评估，应针对建筑场地局部地质破坏的性态，判断地质灾害的类型，结合查证当地地质灾害的历史状况，评估建筑场地的安全性和危害性。对于山区、丘陵地区，尤其要注意震后降水气候的预测，防止过强降雨所导致泥石流、滑坡等次生灾害。本条强调的是对出现局部明显的地质破坏现象的建筑场地进行应急评估，不同于也不能取代正常情况下对建筑场地的安全性、适宜性的勘察鉴定。

4.1.2 地震的建筑震害表明，鉴于地质状况、建造年代、结构类型、设计施工条件等多种因素，建筑在遭遇地震袭击后的震害状态是不尽相同的，甚至差距极大。随着建筑的密度越来越大，高层建筑越来越多，震后相邻建筑安全使用的相互影响越显突出。当相邻建筑发生严重及其以上的震害时，有可能在地震应急期内造成更严重的破坏，对毗邻的建筑安全使用形成潜在的威胁。因此，在建筑场地环境分项的评估时，应对相邻建筑的震害及对本建筑安全使用的影响作出评估。当相邻建筑的结构震害对本建筑安全使用造成直接或潜在的威胁时，建筑场地环境分项应直接评估为禁用。按照本规程第三章相关规定，也可不再进行其他分项的评估，该建筑震后安全性应急评估均应直接评估为禁用。

4.1.3 历次地震震害表明，地震造成建筑的破坏，除地震动直接引起结构破坏外，另一重要的原因则是场地条件。在具有不同工程地质条件的场地上，建筑物的震害程度是明显不同的。在进行建筑场地环境分项的应急评估时，其最主要的一项工作则是快速确定建筑场地对建筑影响的类型。现行国家标准《建筑抗震设计规范》GB50011 将建筑场地对建筑的影响分为有利、一般、不利和危险四种类型，并对这四种类型的地段明确了不同的对策，表 4.1.3 与该规范保持一致。在进行应急评估时，通过查证相关地勘资料或现场检查，快速确定建筑场地对建筑影响的类型，为建筑场地环境分项的应急评估，乃至对震后建筑安全性的应急评估提供出技术支撑。

4.1.4 建筑地基基础直接承受上部建筑结构荷载及作用，其承载能力和稳定性尤为重要。当建筑地基出现明显且影响建筑结构安全的地震液化、处于地基边坡或毗邻深基坑边坡明显失稳、建筑基础丧失承载时，均可能可直接影响到建筑的安全使用，危及人民的生命财产安全。地基基础分项的应急评估，应结合建筑场地重点检查建筑地基稳定，无滑移、不均匀沉降、承载力下降等影响。基础与承重墙体连接处的斜向阶梯形裂缝、水平裂缝和竖向裂缝；基础与框架柱、抗震墙根部的水平裂缝和竖向裂缝；建筑的倾斜和位移等。由于基础深埋于地下，对其震害的调查远没有对上部结构那样深入细致，因此，可结合建筑上部结构的不均匀沉降裂缝和倾斜等破坏特征综合判断。

4.1.5 为便于实施震后建筑安全性应急评估的快速性，本条规定当赴现场外观检查，显而易见地表明建筑上部结构已经出现严重倾斜、局部倒塌或坍塌、结构构件严重开裂或破碎等严重及其以上破坏，明显不具备安全使用条件时，没必要再按照应急评估的正常程序对建筑物场地环境和地基基础分项进行评估，依照本规程 3.0.17 条规定，可直接对建筑整体应急评估为禁用。

4.2 检查与评估

4.2.1 当相邻建筑的结构震害对本建筑安全使用造成直接或潜在的威胁时，建筑场地环境分项应直接评估为禁用。按照本规程第三章相关规定，也可不再进行其他分项的评估，该建筑震后安全性应急评估均应直接评估为禁用。

4.2.2 据《2012 年四川地理省情公报》报道，汶川地震以龙门山断裂带为中心，覆盖汶川县、北川羌族自治县、绵竹市、什邡市、青川县、茂县、安县、都江堰市、平武县、彭州市、广元市利州区、广元市朝天区、崇州市、大邑县、江油市 15个重灾县（市、区）面积约 3.43 万平方千米。汶川地震对核心灾区地表造成不同程度的水平偏移和垂直形变。其中，水平偏移以震中附近的龙门山断裂带最为明显，断裂带西侧地区向东偏移，东侧地区向西偏移，两侧形成挤压趋势。水平偏移量一般为 0.2 米～1.0 米，平均偏移量 0.6 米；向东最大偏移量为

2.3 米，位于汶川县银杏乡；向西最大偏移量为 2.4 米，位于北川县擂鼓镇，距北川老县城约 3 千米处。垂直形变同样以震中附近、龙门山断裂带最为明显，断裂带西侧地区呈抬升趋势，东侧地区呈沉降趋势。垂直变化量一般为 0.02 米～0.4 米，平均变化量为 0.13 米；最大抬升量为 1.2 米，位于汶川县银杏乡；最大沉降量为 0.7 米，位于平武县平通镇（与北川交界处）。汶川地震中地震地质灾害尤为严重，由于建筑场地的选择不当，给人民的生命和财产带来极其惨重的灾害。青川县红光乡东河口村大滑坡，滑坡纵向长度 3 000 多米，横向宽度最长 600 多米，高 40 米～80 米，220 多户 700 多人受灾，其中死亡 14 人，310 多人失踪。

　　无可非议，避开在危险地段建造房屋，以及合理地选择建筑场地是避免和减轻地震对建筑物的破坏的首要环节。《建筑抗震设计规范》GB50011 和《四川省农村居住建筑抗震技术规程》DBJ 51/016 等技术标准，均对建筑场地的抗震危险地段有明确的界定，对于抗震危险地段的建设对策是绝对的避让，因此应直接评估为禁用。也由此，按照本标准第三章的相关规定，对处于抗震危险地段的既有建筑，无论上部建筑结构的震害或轻或重，可不再进行其他分项的评估，该建筑震后安全性应急评估均应直接评估为禁用。

4. 2. 3 　随着我国现行国家标准《建筑抗震设计规范》GB 50011 的贯彻实施，对建筑场地的选择和划分越来越重视。历次地震震害表明，有利地段和一般地段上的地质震害，以及该地段上的建筑的危害相对较轻。因此，当对建筑场地分项进行应急评估时，通过查证建筑场地类型的相关资料和现场查看，当符合对建筑抗震有利和一般地段要求的，且不受相邻破坏建筑对本建筑安全使用造成影响时，即可对建筑场地坏境评估为可用。

4.2.4 本条是针对没有建筑场地选择及划分资料，采用现场快速查勘方法的要求。强调应调研建筑场地发生地质灾害的历史状况，结合现场查勘建筑场地的震害综合进行应急评估。

4.2.5 本条针对没有建筑场地选择及划分资料，采用现场查勘方式进行应急评估时提出的判别表征。这些表征基本上是属于建筑场地对建筑抗震不利或危险的地段的表征，但是否确定为不利地段或危险地段，应在震后恢复重建时，按照相关标准进行判别。本条仅是在地震应急期这一特殊时期，以保障安全为基本原则的规定。

4.2.6 国家标准《建筑抗震鉴定标准》GB 50023—2009 第4.2.3 条规定，对地基基础现状进行鉴定时，但基础无腐蚀、酥碱、松散和剥落，上部结构无不均匀沉降和倾斜，或虽有裂缝、倾斜但不严重且无发展趋势，该地基基础可评为无严重静载缺陷。

4.2.8 条文中基础较大下沉是指沉降不小于 300 mm；较大移位是指位移不小于 10 mm；这些数值在具体工程中应综合判断确定。

规定的建筑倾斜角限值，是综合国内外建筑地基基础设计标准或规范中关于建筑地基变形允许值的规定给出的。

5　砌体结构房屋

5.1　一般规定

5.1.1　本条定义了砌体结构建筑震后安全性应急评估的适用范围。

5.1.2　本条规定先对房屋进行宏观检查，确定震害严重楼层，先对震害严重楼层构件进行检查，若发现有Ⅲ级结构构件，不需再检查其余楼层，直接将该房屋评为禁用。至于房屋其余楼层是否存在影响房屋结构安全的隐患，可等到地震应急期后，再对其进行正常的房屋结构可靠性鉴定或抗震鉴定。

5.2　检查与评估

5.2.1　砌体结构房屋中的主要构件是指墙、柱、梁等其自身失效将导致相关构件失效，并危及承重结构系统工作的结构构件；一般结构构件是指楼（屋）盖等其自身失效不会导致主要构件失效的；非结构构件是指：轻质隔墙、阳台栏板墙、女儿墙、烟囱、屋面瓦等本身不承受外部荷载，仅起围护作用的构件。

造成房屋倒塌的原因主要为主要结构构件（如墙、柱、梁）承载能力丧失，此外，楼、屋盖破坏对房屋也有明显影响。因此震后安全性应急评估时，上述两个因素为主要依据。而隔墙、女儿墙、阳台栏板墙等非结构构件，对房屋主体结构安全影响不大，但其倒塌也会对人民生命财产造成损失，可能会对结构造成损坏，所以评估时也需充分考虑。

5.2.2 造成砌体结构房屋地震破坏或垮塌的主要原因有以下几方面：主要承重构件（如墙体、砖柱、梁等）承载能力丧失、纵横墙连接不可靠、楼（屋）盖与墙体无可靠连接等造成的破坏、坡屋顶的屋盖破坏等。历次震害表明，主震后往往会发生多次余震，不能说每发生 1 次余震就要重新进行应急评估，这是不现实的。本规程规定在地震应急期内的基本安全目标：在正常使用环境条件下，或在余震烈度不高于主震中当地遭遇的烈度及震前当地抗震设防烈度时，建筑的主体结构不致倒塌或发生危及生命的严重破坏。因此，除了对房屋震后的构件裂缝进行检查外，还应检查房屋的主要构造措施（如传力路径是否合理、承重墙厚度、圈梁及构造柱的设置情况等）是否基本满足要求。根据构件的裂缝和主要构造措施两个检查项目，分别评估每一受检构件等级，并取其中最低一级作为该构件的震后安全性应急评估等级。

因地震造成构件变形时，往往伴随构件出现裂缝，且震后应急评估工作贵在急，采用设备对构件的变形进行检测也不现实，因此没有把构件的变形项作为主要检查项目。构件的变形主要还是通过构件裂缝情况和宏观检查综合判断。

5.2.3 当震后房屋现状较差时，可判定房屋为禁用时，可不检查墙体的圈梁及构造柱的设置情况；当震后房屋现状较好时，应对墙体的主要构造，如墙厚、圈梁及构造柱的设置情况进行检查，大致判断墙体的抗震措施是否基本满足规范要求。

5.2.4 本条有关砌体结构的墙体裂缝的分级判断依据，主要是考虑砌体结构墙体和构件出现裂缝后对结构的竖向和水平向承载力的影响程度，如不修复是否会影响结构安全。本条第1款中"裂缝宽度较小"可大致地理解为裂缝宽度明显小于第2款中对应各种墙体裂缝形态的、裂缝宽度限值，且出现裂缝后不明显影响墙体的竖向和水平向承载能力。宽度小于800 mm 的墙肢属于短肢墙，宜按独立砖柱考虑，考虑到砌体结构的脆性及长细比要求，独立砖柱只要出现裂缝即认为出现破坏状态。

本条中的墙体，一般情况下不包含窗下墙体。但如窗下墙体破坏后，已经严重影响窗间墙体的整体稳定性除外。

5.2.6 本条中的钢筋混凝土板包括预制板和现浇板，预制板包括预应力混凝土空心板和普通混凝土预制板。预制板的震后安全性应急评估按裂缝项评定时，要注意此处的裂缝指的是单块预制板本身出现的裂缝、断裂等，而不是指预制板之间的顺板间裂缝或板端界面缝。

其他严重影响钢筋混凝土板受力性能的裂缝，如因受力钢筋锈蚀或腐蚀，导致混凝土产生沿钢筋方向的开裂、保护层脱落或掉角；温度、收缩等作用产生的通长裂缝，裂缝宽度大于1.0 mm。

5.2.7 砌体结构中的墙体应急评估按构造项评估时，对圈梁和构造柱的主要设置部位要进行核查，应核查房屋四角及转角处、楼（电）梯间四角等重要部位是否设置构造柱，楼、屋盖标高是否设置圈梁。

现行相关标准主要指《建筑抗震设计规范》GB 50011、《建筑抗震鉴定标准》GB 50023、《四川省建筑抗震鉴定与加固技术规程》DB 51/5059 等。

5.2.9 历次震害表明，预制板在墙、梁上的支承长度不足，是造成预制板垮塌最重要的原因之一。因此，本条规定了预制板在支座处的支承长度要求。

5.2.10 砌体女儿墙的震害较明显，其高度限值及抗震措施是防止地震时倒塌的重要措施。本条规定，女儿墙高度超过500 mm 且无抗震构造措施时，即使无震害，也应评为Ⅱ级。

6　钢筋混凝土结构房屋

6.1　一般规定

6.1.1　本条定义了钢筋混凝土结构房屋震后安全性应急评估的适用范围。

6.1.2　房屋震后安全性应急评估应先对房屋进行宏观检查，确定震害严重楼层，然后对震害严重楼层构件进行检查，若发现有Ⅲ级结构构件，不需再检查其余楼层，直接将该房屋评为禁用。至于房屋其余楼层是否存在影响房屋结构安全的隐患，可等到地震应急期后，再对其进行正常的房屋结构可靠性鉴定或抗震鉴定。

6.2　检查与评估

6.2.1　钢筋混凝土结构房屋的结构构件是指其自身失效将导致相关构件失效，并危及结构体系抵抗余震的构件；非结构构件指其自身不承受外部荷载，仅起围护作用的构件。

　　造成房屋倒塌的原因主要为结构构件承载能力丧失，此外楼、屋盖破坏对房屋也有明显影响。因此震后安全性应急评估时，上述两个因素为主要依据。而非结构构件，对房屋主体结构安全影响不大，但其倒塌也会对人民生命财产造成损失，可能会对结构造成损坏，所以评估时也需充分考虑。

6.2.2 造成钢筋混凝土结构房屋地震破坏或垮塌的主要原因有以下几方面：结构构件承载能力丧失、节点连接不可靠、结构构件构造不可靠等。因此，除了对房屋震后的构件裂缝进行检查外，还应检查房屋的主要构造措施是否满足相关规范要求。

地震造成构件变形时，往往伴随构件出现裂缝；房屋主要构造措施不满足相关规范时，往往伴随相应部位出现较多或较为严重的裂缝；同时，震后应急评估工作贵在急，采用设备对构件的变形和主要构造措施进行检测也不现实。因此，没有把构件的变形项作为主要检查项目，构件的变形主要还是通过构件裂缝情况和宏观检查综合判断；房屋主要构造措施主要还是通过相应部位的裂缝情况和宏观检查综合判断。

6.2.4、6.2.5、6.2.6 有关钢筋混凝土结构房屋结构构件裂缝分级判断标准，主要是考虑结构构件承载力和变形关系曲线不同阶段与裂缝出现发展状态的对应关系、现有试验和震害经验，以及构件出现裂缝后对结构的竖向和水平向承载力的影响程度，如不修复是否明显会影响结构安全。

结构构件未开裂或轻微开裂、钢筋未达到屈服状态，结构构件处于弹性阶段，属于Ⅰ级。结构构件接近或达到极限承载力，或已进入破坏状态，属于Ⅲ级。其余情况，属于Ⅱ级。

7 底部框架和内框架结构房屋

7.1 一般规定

7.1.1 本章的适用范围，砌体指烧结普通砖和多孔砖、蒸压灰砂砖、蒸压粉煤灰砖和混凝土普通砖等，对于采用其他材料，当所用砌体的抗剪强度不低于烧结普通砖时，类似结构形式的房屋，可以参照执行。

　　底部框架砌体结构房屋指底部为框架（包括填充墙框架等）承重而上部各层为砌体承重的多层房屋。内框架房屋指内部为框架承重，外部为砌体承重的房屋，包括内部为单排柱到顶、多排柱到顶的多层内框架房屋，以及仅底层为内框架而上部各层为砌体的底层内框架房屋。

7.1.2 根据以往的震害经验表明，对于底框结构，其过渡层及附近在地震时往往震害较重，因此宜优先检查过渡层。

7.1.3 川东地区20世纪90年代建造了大量的超限底框结构，底部框架层数基本在 3～5 层，上部砖混结构层数基本在 5～9 层。这类底框结构无论是总层数、总高度及框架的层数都远远超过现行《建筑抗震设计规范》GB 50011 的要求，设计采用单榀框架的模型计算，未进行整体分析，也未采取加强措施，加之施工偏差，该类房屋在正常使用情况下可能存在安全隐患。考虑余震影响和灾后应急情况的特殊性，此类房屋在灾后应急评估期限内已经不具备继续使用的条件。

7.2　检查与评估

7.2.1　底部框架结构房屋，当底部设置了抗震墙后，除过渡层外，一般情况下，上部房屋的破坏程度要比同类多层房屋轻。底部墙体和柱、梁是现场检查的重点。另外，在四川汶川和青海玉树地震震害调查中发现，与底部框架相邻的上一楼层（过渡层）承重墙体破坏严重甚至倒塌，上部房屋的破坏程度要比同类的多层房屋破坏轻。因此，底部框架砌体房屋过渡层的墙体及其连接、大房间设置情况等也应作为检查重点对象。

在内框架房屋中，因为使用要求有较大的空间，墙体的数量比较少，因此，墙体的破坏程度往往是比较重的。墙体破裂后，刚度急剧降低，变形迅速增长，此时墙体部分地震力将转移给框架，造成框架破坏严重。

内框架房屋的破坏特点为墙体破坏重，钢筋混凝土框架破坏轻，梁的破坏更轻，承重墙体、框架梁端在墙体的支承部位是检查重点。墙体和柱是内框架房屋的主要承重构件，检查的重点是墙体、柱、框架梁及其连接部位等。对于楼梯构件在地震中遭受破坏而承重墙体损伤不严重的情况，可根据人员流量、疏散的重要性等因素直接评估房屋的损坏情况。

7.2.3　底部框架砌体房屋的底层、过渡层墙体和内框架砌体房屋的承重墙以及其与相邻梁、柱的连接处出现明显裂缝后，刚度急剧降低，变形迅速增长，此时墙体部分地震力将转移给框架，造成房屋出现严重破坏。在灾后应急评估期限内已经不具备继续使用的条件。

7.2.4、7.2.5 由于底部框架和内框架砌体房屋由砌体、钢筋混凝土梁、柱混合承重，抗震能力较单纯的砌体结构和混凝土框架结构差，而且现行的《建筑抗震设计规范》GB 50011 已没有内框架房屋相关条款。故底部框架和内框架砌体房屋墙体和混凝土构件的构造措施评定较砌体结构和混凝土框架结构从严要求。

过渡层墙体构造措施可参考现行《建筑抗震设计规范》GB50011，其主要内容包括：上部砌体墙的中心线是否与底部的框架梁、抗震墙的中心线重合；构造柱与芯柱的设置位置及设置间距要求；洞口较大时，是否设置构造柱与芯柱；构造柱与芯柱是否与框架柱上下贯通等。

8 单层厂房

8.1 一般规定

8.1.1 单层混凝土柱厂房的屋盖可以是无檩屋盖（采用大型屋面板的屋盖），也可是有檩屋盖（采用轻型屋面板材的屋盖）。围护墙体是砌体、墙板、大型砌块，也可是其他轻型材料。

本规程主要用于应急期内的震后建筑的安全性评估，需要应急评估的厂房主要涉及电厂、水厂、交通运输、物资储存类厂房等。

8.1.4 单层厂房的混凝土构件、砌体构件的震后安全性应急评估，除应符合本节规定外，尚应符合本规程 5.2 节和 6.2 节的相关规定

8.2 检查与评估

8.2.1 厂房的评估应重点检查排架柱、屋架、屋面梁、屋面板、天窗架，其次围护墙、女儿墙等。考虑现场检查工作的程序和减少评估工作量，且柱间支撑和屋架支撑是柱和屋架的重要构造措施，因此将柱间支撑和屋架支撑的评估内容纳入了柱和屋架的评估。

排架柱宜重点检查部位：（1）下柱根部、上柱根部、吊车梁顶面部位、柱头与屋架（大梁）连接处、高低跨柱支承低跨

屋盖的牛腿、柱肩梁。（2）双肢柱斜腹杆和水平腹杆。（3）工字形柱的开孔腹板及预制腹板。（4）柱间支撑、支撑节点。

屋盖宜重点检查部位：屋架端部杆件、屋盖支撑、大型屋面板的连接，以及天窗架柱、天窗架柱支撑、支撑节点等。

8.2.2　因四川地区的钢结构工程相对较少，且钢结构的抗震性能较好，钢结构的震害经验较少，因此本规范中无钢结构房屋的应急评估。但厂房中存在钢构件，如钢屋架、钢支撑等，考虑钢结构受力性能，将变形和主要构造措施项作为了钢结构构件震后安全性应力评估的主要项目，至于锈蚀的内容包括在了主要构造措施中进行评价。

9 单层空旷砖房

9.1 一般规定

9.1.1 20 世纪建造的中小型剧院、礼堂房屋，多为单层的砖混结构房屋。这类房屋具有层高较高，且较空旷的大厅、与之紧密结合的舞台、前厅和休息用的厢房等配套用房。单层空旷房屋的结构形式有其自身特点，其震害的特征也较明显。鉴于地震后有可能急需将这类房屋用作人员疏散用房或抗震救灾用房，因此，本规程针对这类房屋的震后安全性应急评估独立成一章。

9.1.2 由单层空旷砖房的功能所决定，这类房屋在前厅部分附属有较多的大型光彩装饰及广告附属物，以及放映设备等；在大厅部分有吊扇、灯桥、电线管道等；在舞台部分有大量的灯桥、幕架及幕布等悬挂物，这些附属物及功能设施设备在地震中有可能严重受损，以致在余震中可能进一步对建筑主体造成损坏或发生危害人身安全及疏散安全的事故。因此，对于这类人员密集的公共建筑物的震后安全性应急评估，除应针对建筑本身的安全进行应急评估外，尚应对影响建筑结构安全的附属物和影响使用安全的功能设施设备进行应急安全性评估。本条针对的是建筑附属物（如室外灯饰广告物、风貌装饰物、功能设施设备与建筑物的连接处等）对建筑结构安全产生直接影响的应急评估，或对建筑结构安全产生直接影响的其他功能设施（如吊扇、管架线缆、灯具灯桥、幕布幕架等）的应急评估。同时，本条针对这类建筑人员聚集众多的特点，要求在进行震后安全性应急评估时，应对人员疏散通道的安全性进行应急评估。

9.1.3 这类房屋的大厅和舞台部分层高较高，且较为空旷，尤其是坡屋盖房屋。震害表现除倒塌或部分倒塌外，其余常见的震害特点为大厅的砖墙扶壁柱窗台处开裂、错位或脱落；舞台山墙的山尖墙和抗风柱开裂、倾斜或脱落；支撑舞台口大梁的墙体开裂及错位等。这些结构构件关键部位的震害，极有可能在余震中导致房屋严重破坏或倒塌，是影响房屋安全使用的大隐患。因此，在这类建筑的震后应急评估的现场检查中，宜优先和重点检查房屋的大厅和舞台部分，当检查发现有明显影响房屋安全的震害时，可直接评估为禁用。这类建筑在用于震后人员安置或临时安置中，均为人员较密集的建筑，因此，宜重点检查房屋的人员疏散口及通道。

9.1.4 屋盖错位部位主要指屋架支座连接处、檩条与屋架的连接处等。

9.2 检查与评估

9.2.1 造成单层空旷房屋地震垮塌的主要原因为墙体、柱、屋架等主要承重构件的破坏而丧失承载能力，以及纵横墙连接处、屋盖与墙体连接处的破坏等。单层空旷房屋的震害多为大厅的砖墙扶壁柱窗台处开裂、错位或脱落；舞台山墙的山尖墙和抗风柱开裂、倾斜或脱落；支撑舞台口大梁的墙体开裂及错位等。大厅和舞台部分震害较重且对人员安全威胁最大，因此，在应急评估中应作为重点检查部位。由于单层空旷砖房的功能决定，单层空旷砖房在前厅、大厅以及舞台处有大量附属物及工程设施设备等非结构构件。这些非结构构件严重受损后可能对建筑主体造成损坏或发生危害人身安全及疏散安全的事故，因此，对这类影响结构安全、人员疏散安全的非结构构件在应急评估中应进行重点检查。

9.2.2 对于在地震中受损而未发生倒塌或局部倒塌的单层空旷砖房而言，最为直观的震害就是发生在结构构件上的裂缝，无论是结构构件的承载能力不足，还是变形过大所导致的破坏，均在结构构件上的表现出不同形状、不同程度的裂缝。裂缝的检查是建筑震后安全性应急评估最直观、最容易检查和发现的，也是在震后应急评估中要求简便快速的检查方法之一。鉴于本规程提出的基本安全目标的要求，即在短期内应考虑正常使用环境条件下，或在余震烈度不高于主震中当地遭遇的烈度及震前当地抗震设防烈度时，建筑的主体结构不致倒塌或发生危及生命的严重破坏。因此，除了对房屋震后的构件裂缝、变形进行检查外，还应检查房屋的主要抗震构造措施是否基本满足要求。根据构件的裂缝、变形和主要构造措施检查项目，分别评估每一受检构件等级，并取其中最低一级作为该构件的震后安全性应急评估等级。

9.2.3 当震后房屋现状较差时，可判定房屋为禁用时，可不检查墙体的圈梁及构造柱的设置情况；当震后房屋现状较好时，应对墙体的主要构造，如墙厚、圈梁及构造柱的设置情况进行检查，大致判断墙体的抗震措施是否基本满足规范要求。

9.2.4 本条有关单层空旷砖房墙体裂缝的评定。墙体裂缝的判断除依据本规程第 5 章相关条款外，还考虑到单层空旷砖房的震害特点，增加了关于山墙以及舞台口大梁上的承重墙体裂缝的判断条款。

9.2.8 本条规定除应检查屋架杆件的变形，还应重点检查钢木组合屋架中钢与木杆件连接节点处的变形。历次震害表明，在连接节点处受力情况复杂，地震中可能变形集中，导致屋架局部的破坏或坠落。

9.2.9 根据单层空旷砖房的墙体震害特征，当大厅山墙没有壁柱或壁柱不到顶时，导致山墙平面外刚度和稳定性不足；山墙与檩条或纵墙连接不牢固时，导致山墙处于悬臂状态，这些都易使山墙在地震作用下发生外闪或局部倒塌；大厅四周的墙体一般较高，需增设多道水平圈梁来加强整体性和稳定性，特别是墙顶标高处的圈梁尤为重要。评估人员在检查墙体的主要构造措施时，应重点检查这些构造措施。

9.2.10 由于木材的特性，木屋架杆件会出现不同程度的腐朽与虫蛀，杆件连接处铁件也可能有一定的锈蚀，严重时可能导致屋架在余震中发生破坏或局部倒塌。

9.2.13 历次震害表明，单层空旷砖房（如舞台部分）有附着于主体结构的装饰物、灯桥、幕架、吊扇以及屋面瓦等，这些非结构构件的坠楼会发生危害人身及疏散安全的事故，而一些支承于房屋结构上的附属机电设备掉落还可能对结构主体造成破坏，影响结构的安全。因此，应重视对非结构构件的震后安全性应急评估。

10 木结构和土石墙结构房屋

10.1 一般规定

10.1.1 本条定义了土、木、石结构房屋震后评估的适用范围。生土墙房屋多为村镇中的一层或二层的生土墙承重、木楼(屋)盖的居住房屋,其墙体包括卧砌的土坯墙和夯筑的夯土墙。木结构房屋包括穿斗木构架、木柱木屋架、木柱木梁承重,围护墙为砖砌体、小砌块砌体、生土墙(土坯或夯土),木楼(屋)盖的居住房屋。石结构房屋包括细料石、半细料石、粗料石、毛料石,以及毛片石、毛卵石墙体承重的一层或二层的居住房屋,其楼(屋)盖可为木楼(屋)盖、料石楼板楼(屋)盖、预制板楼(屋)盖、现浇钢筋混凝土楼(屋)盖。

10.1.2 本条规定了木结构和土石墙结构房屋结构构件分项的应急评估方法。木结构和土石墙结构的房屋,大多为农村、乡镇及城市老城区的量大面广且体量不大的自建住宅。这些房屋的建筑材料及制品、设计与施工、质量控制与验收、维修与加固等等基本无技术标准可依,整个建造过程基本上未按建筑工程建设的程序实施管理,建筑的质量和安全性能(特别是抗震性能)均存在较大的隐患。历次地震震害表明,这些房屋震害最为惨重,往往是局部结构构件的破坏而导致房屋局部和整体倒塌,尤其土石墙房屋在低烈度区就极有可能出现严重破坏或倒塌。针对这些房屋的具体实情,在结构构件分项的应急评估中规定了不同于其他结构体系房屋的评估方法。

10.1.3 本条规定了生土墙房屋震后安全性应急评估的直接快速评估的条件。《四川省农村居住建筑抗震技术规程》DBJ 51/016—2013 根据四川生土墙房屋的震害调研，规定 7 度及以上时不应采用生土墙承重的结构体系。生土墙房屋在震前就可能出现不同程度的收缩性裂缝，或受雨水浸湿及风化严重，这类房屋即使在正常使用条件下就存在突出的安全隐患或已构成危房。在 6 度和 7 度时，就普遍出现中等破坏或严重破坏，7 度以上时，这类房屋大部分倒塌或整体倒塌，震害调研表明，这类房屋基本不具有抗震能力。因此，当在地震波及的低烈度区（6 度及以下）需要对其进行安全性应急评估时，如出现本条三款的情况，均可直接评估为禁用。

近年来，部分单位对原始土料进行改性研究，出现改性生土墙房屋，但仍处于试用阶段，数量少，无震害经验。因此，对改性生土墙房屋的应急评估应根据震害情况和相关技术规程的要求综合判断。

10.1.4 本条规定了石结构房屋震后安全性应急评估的直接快速评估的条件。四川的料石结构房屋较少，多为毛石墙承重的房屋，主要分布于甘、阿、凉经济条件较差的乡镇。所谓干码铺浆方法，即是墙体每层采用垫片垫稳石块，再敷设一层水平砂浆的砌筑施工方法。夹心层方法，即是较厚的墙体里外两层采用干码，中间填入砖头瓦块或泥沙的砌筑施工方法。历次震害表明，对于采用干码铺浆、夹心层方法，以及泥浆砌筑的毛石墙房屋，在低烈度区的震害均较严重，且多为局部或整体垮塌的震害。因此，对于这类基本不具抗震能力的房屋，无论其震害情况怎样，均应直接评估为禁用。石结构是典型的脆性结构，当承重结构已出现明显的震害时，可能在遭遇较强的余震袭击时导致更严重的垮塌或整体倒塌的危险隐患，因此，第2款明确规定当承重结构出现了明显震害的石结构房屋，其震后安全性评估均可直接评定为禁用。鉴于四川石结构房屋石材性能较差、建造工艺不规范，以及缺乏基本的抗震构造措施，因此，第2款明确对在8度以上高烈度区的石结构房屋，其震后安全性应急评估均可直接评为禁用。

10.1.5 《农村危险房屋鉴定技术导则(试行)》(建村函〔2009〕69号)第6.5.2条第7款规定，存在任何心腐缺陷的木质构件直接为D级；第12款规定，木构件有虫蛀，但不严重者为C级，严重者为D级；第5款规定，木柱侧弯变形，其矢高大于$h/150$，或柱顶劈裂，柱身断裂。柱脚腐朽，其腐朽面积大于原截面面积1/5以上；(矢高大于$h/200 \sim h/150$，腐朽面积为原截面面积5%~20%者，为C级，大于者为D级)；第4款规定，屋架产生大于$L_0/120$的挠度，且顶部或端部节点产生腐朽或劈裂，或出平面倾斜量超过屋架高度的$h/120$；(屋架挠度在$L_0/150 \sim L_0/120$，或出平面倾斜量超过屋架高度的$h/150 \sim h/120$者为C级，大于者为D级)。

大量震害结果表明，竖向承重结构体系为土木或石木混杂的房屋，由于不同结构材料的变形能力差异，在地震力作用下，混杂结构的变形受限，因此破坏严重。

10.2 检查与评估

10.2.1 生土墙和石结构房屋都是脆性结构房屋,即房屋的变形能力很差。本条规定了生土墙和石结构房屋结构构件分项的现场检查的重点。

10.2.2 本条规定了生土墙房屋结构构件中墙体类可用与禁用的界限。对生土墙体裂缝长度的限制主要是依据夯土墙墙板的高度考虑的。夯土墙施工时,一般每板高度在 400 mm 左右。生土墙房屋结构整体性差,纵横墙体之间若无拉结措施,在地震力作用下,很容易使墙体开裂、墙体外倾。因此,墙体或纵横墙交接处出现宽度大于等于 5 mm,长度大于等于 600 mm 的穿透性的裂缝时,应评为禁用。

据大量调查表明,生土墙墙体房屋屋盖系统的檩条或大梁直接搁置在墙上,集中荷载直接作用于墙。生土墙墙体由生土块材砌筑,由于粘结泥浆强度低且在缝中不饱满,墙体承受集中荷载的能力很弱,若支承檩条、梁或屋架端部的墙体出现较宽、较长的裂缝时应评为禁用。

10.2.3 本条对石结构房屋结构构件中墙体类现场检查与评估做出的规定。一些石砌体砌筑采用无坐浆、加垫片、后勾缝的砌筑方法,勾缝砂浆在整个砌体结构中的强度等级几乎等于零。部分承重构件如石板条、石过梁、独立料石柱,在地震时的破坏极易造成房屋局部先破坏。因此,本条规定了石柱、石梁、石楼板断裂或支撑梁或屋架端部的石块或垫块出现断裂破碎应评为禁用。

石结构建筑多数采用粗料石(或块石)干砌(或浆砌)成

条形基础，自身横向联系差，无法承受不均匀沉降所引起的弯曲应力。而大多数石结构住宅未设地圈梁、构造柱、圈梁等钢筋混凝土构件，房屋的整体性差、纵横墙之间联系薄弱。当墙体受到地基不均匀沉降所引起的弯曲应力或受到较大振动荷载的作用时，墙体将产生裂缝、倾斜。同样的原因也将导致石柱、石梁、石楼板等构件的错位、裂缝，并引起屋面漏水、外墙渗水等现象。在这种情况下，即使是小震也有可能使房屋产生破坏甚至是倒塌。

本条所列现象既可能是震前出现的，也可能是震后出现的，或两者兼有，但不管是什么时候出现的，这些结构关键部位的破坏现象均是房屋抗震安全的重大隐患，因此，当现场检查发现这些破坏时，对其房屋震后安全性应直接评估为禁用。

10.2.4　本条对生土墙和石结构房屋结构构件中屋（楼）盖现场检查与评估做出的规定。四川地区多数生土房屋、石结构房屋使用木楼盖及木结构屋架。木结构屋架基本为三角形屋架，屋架与墙体的连接方式不牢固、设计不合理。生土房屋、石结构房屋的另一种屋盖形式是硬山搁檩，檩条架在山墙和内横墙上，檩条上架椽条，形成屋面水平承重体系。生土房屋屋盖檩条出山墙的长度往往不够，地震时檩条容易被拔出。其屋盖系统整体性差，木屋架之间没有任何联系，未设置支撑或拉条，屋架与墙体，檩条与墙体没有连接措施，纵向水平刚度和空间作用很差，地震时由于屋架与墙体在质量、刚度等方面差异较大，振动特征明显不同，造成相互变形不一致而加大震害。

10.2.5　不少木构件，在制作时未作任何防潮防腐处理，年久失修，木料腐朽疏松，截面损失严重，地震时首先判断其破坏而引起其他构件的破坏影响。木结构变形能力较强，但由于结构连接不可靠，在地震力作用下节点破坏往往比较严重，因此，震后安全性应急评估还应重点检查木结构的节点变形及损坏情况。

10.2.6 本条规定了木结构房屋结构构件分项中木构架类的检查与评估。

当柱脚石破损，导致柱脚悬空，或柱脚截面 1/3 位移出柱脚石时，应评为禁用。

木构件节点连接较薄弱，通常采用榫接或钉接等单一连接方式。地震作用下，屋架多向振动，节点不仅要承受轴向作用下，还有剪、扭等作用力，很容易产生拉脱、折榫破坏，导致屋架局部破坏或坠落。

《建筑抗震鉴定标准》GB 50023—2009 中对木构件的搁置长度规定：木构件在墙上的支承长度，对屋架和楼盖大梁不应小于 250 mm，对接檩和木龙骨不应小于 120 mm。在震后应急评估时可参照执行。

当椽条出现腐朽、变形或断裂，以及部分屋面瓦出现滑瓦时，不致使屋盖系统出现严重损坏或垮塌等情况，可将局部出现损坏的椽条进行临时支撑措施或替换措施进行处理后使用。

很多屋架使用檩条支承水泥或瓦屋面。有些房屋在木屋架下悬挂吊顶，有些老式坡顶木构架，大梁粗，瓜柱很细，再支撑坡屋顶。头重脚轻，地震加速度反应被放大，地震时屋盖倾斜甚至塌落。

124

10.2.7 本条规定了土、木、石房屋非结构构件的检查与评估。震害表明，木结构围护墙是非常容易破坏和倒塌的构件。木构架和砌体围护墙的质量、刚度有明显差异，自振特性不同，在地震作用下变形性能和产生的位移不一致，木构件的变形能力大于砌体围护墙，两者不能共同工作，甚至会相互碰撞，引起墙体开裂、错位，严重时倒塌。根据大量震害表明，围护墙高度较高时，墙体自身稳定性较差，若无圈梁及构造柱抗震措施时，极易在地震中发生严重破坏甚至倒塌，因此本条规定，当砌体或生土围护墙高度超过 3.3 m，且无圈梁、构造柱等抗震措施时，应评估为禁用。

出屋面烟囱即使没有损坏，但其较高或无可靠拉结措施或女儿墙高度超过 500 mm 且无抗震构造措施，均极有可能在余震中被破坏、甚至倒塌伤人。因此，本条规定存在上述两种情况，均应评为限用。

10.2.8 鉴于土、木、石房屋体量小、性能差的特点，这些房屋结构构件分项的评估，是以主要结构构件类的检查判别而进行直接的评估，方法较为简化。但其房屋整体的综合评估仍应按照基本规定中的要求实施，即以场地环境、地基基础、结构构件和非结构构件四个分项依次评估进行房屋整体评估。